奶奶最懂得
Granny knows best

[英]大米　腾讯视频　著

中国轻工业出版社

谨以此书献给那些帮助过我的奶奶们。
您们是大家学习的榜样，
给了我最难忘的回忆。
祝各位奶奶身体健康，万事如意。

汪奶奶

洪奶奶

陈奶奶

张奶奶

阿冲奶奶

格玛初奶奶

赵奶奶

李奶奶

蒙奶奶

陆奶奶

杨奶奶

郭奶奶

吴奶奶

林奶奶

陈奶奶

黎奶奶

序

几年来，我的心里一直有个想法，就是制作一档追溯民间传统美食的节目。2014年拍完《天涯厨王》之后，我就觉得自己跟奶奶学做饭特别有渊源。《天涯厨王》的前几集里，最自然、最有趣的片段就是跟奶奶们一起拍摄的。如今，电视上经常播出一些厨艺真人秀节目，里面有些厨师狂妄自大，甚至有用文身夺人眼球的，为了争夺名次吵得面红耳赤。而奶奶们却恰恰相反，她们是如此善良和慈祥，可以说是最谦逊、不摆架子的大厨。不需要任何外在的渲染，她们用心烹调的美食，才是最纯正、最真挚的佳肴。透过她们的烹饪技巧，我们能直观体会到一种非常质朴的生活方式。也许这与现代摩登社会有些脱节，但就是这天然的味道和原始的手艺，能为观众带来最震撼的体验。奶奶们全神贯注地准备着食材，只见刀功娴熟，切出丝丝精湛，完全靠着记忆烹调出生活的滋味。这种感觉真是太幸福了！

制作这部剧集的初衷也源于我的个人经历。我们家的老人中，三位已经过世，只剩下奶奶了。今年她已经90岁高寿，名叫吉尔。吉尔奶奶的一生经历了许多磨难，靠着坚韧的毅力拉扯大四个儿女，我的母亲在家排老二，还是双胞胎。我打一岁起就在香港生活，每年圣诞节，奶奶都会从英国飞到香港，跨越半个地球来看我们，这也是我对她的最初记忆。每次她都会在我们家住上四个星期，跟我们一起过圣诞节和新年。有时她会去学校探望我，教室里所有的同学就知道吉尔奶奶来过节了。每年夏天，我们全家也会回英国。奶奶仍然住在我小时候记忆中的那幢房子里。那时，我觉得奶奶的家特别大。现在再回去看看，客房里的小床已经睡不下我这个大个子了，还真有点不舒服呢！奶奶的家比记忆中小了许多！我最爱吃的就是奶奶的烤苹果派。依稀记得，她每次都会到自家果园里摘下最新鲜的苹果，在一个白色的瓷碗里，倒入面粉和黄油，慢慢地揉在一起，碗边还带着碎花图案。每次聚餐，我们都会吃沙拉、三明治、炖牛肉和馅饼，还有奶奶自己种的四季豆、土豆和西红柿。虽然这不是什么饕餮盛宴，也不需要精湛的厨艺，但这一切都是我对奶奶家独特的难忘记忆，是每年夏天最开心的日子。奶奶现在年岁大了，视力退化，也不能再做饭了。突然间，我意识到那种属于童年时代的味道将一去不复返。我希望通过这部剧集观众能感受我和你们自己对童年这份记忆的不舍。我相信大家都会经历这种情感，与我产生共鸣。

不论你来自世界的哪个角落，可能都有过一个浪漫又不切实际的想法，那就是在亲人离开我们之前，继承他或她的食谱，将长辈积累的经验和财富传承下去。然而，对于很多人来说，因为种种原因没能来得及实现这个愿望。现今，年轻人纷纷离开家乡，去外面的世界寻找挣钱更多、劳动密集度更低的工作机会。也正因如此，完全依靠手工制作的食物越来越稀缺；传统的烹饪秘方正在渐渐地消失在我们的生活中。也许当你去农村旅行时，找遍整个村子，只发现了一位会做某种传统菜肴的手艺人。当这"一村一人"的情况成为常态的时候，可以想象有多少传统手艺已经完全失传了。我们面临着一个抉择，是让这些看似过时的烹饪方法销声匿迹，还是给传统注入新的活力？作为一个老外，我想通过自己的视角来重新展现这些古老的秘方，用摄像机捕捉其精湛妙处。我希望这样能让传统手艺焕发新的生命。

在我的电脑上，一直有一个文件夹名叫"节目题材"。《奶奶最懂得》这个题材一直占据着榜首的位置，是我最想呈现的一个系列。然而，想做一个节目与实际拍摄是两码事。在过去的演讲中，我也分享过在电视行业独有的挫败感。这部剧集开拍之前，可谓万事俱备，只欠东风。漫长的等待可能是最难熬的时光，尤其是当你怀揣着一个绝妙的点子，心里清楚地知道它的受欢迎度，如果你不拍，会有其他制片人去拍。任何一档节目，从概念到实际呈现需要天时地利人和，有些因素是无法提前预测、更不能事前预备的。《奶奶最懂得》最终的开花结果也是源于命运中种种的机缘巧合，是一个非常有趣过程。

我决定开设一个LinkedIn账户，有一天，我突然收到一条私信，来自瑞恩·派尔先生。瑞恩是加拿大极限旅行节目的主持人，看了他的个人资料，我就觉得他挺了不起的。

我们通了一个小时的电话，瑞恩说了他对我个人发展的看法。他想负责节目的制作，询问我是否有意向跟他一起开发中国本土的项目。瑞恩在中国有着丰富的拍摄经验，他有自己的摄影师和后期制作团队，如果我有兴趣合作的话，我们可以一起制作一个节目。这么多年来，我的工作只是作为一个节目主持人，而瑞恩的提议正是我一直在寻找的机会；这样，我就能作为一个执行制片人参与到节目中来。最后，我俩同意由我负责节目创意，然后大家一起努力联系各大网络媒体。一挂断电话，我的脑子里立刻就蹦出了"奶奶最懂得"五个大字，这个题材实在是太适合不过了！

瑞恩听了我的想法，也觉得很有潜力。我俩就开始着手准备推介文稿。最开始，我们想的是做10集短剧，每集里介绍一位奶奶，一集12分钟。于是，我们筛选了十个场景，涵盖了当地的美食，做出了节目推介PPT。之后，我俩就开始联系有潜在合作空间的电视公司。有一个朋友建议我联系中国纪录片著名导演陈晓卿先生。其实，我之前有过这个想法，但是一直拖着没有付诸实际行动。我与陈晓卿先生也有过交集，那会儿刚好播出《天涯厨王》，陈先生在我的社交媒体上留下了积极的点评。这次，我也要尝试得到他的肯定和支持。后来的结果是，腾讯的团队表示对我们的节目感兴趣。于是，我们马不停蹄地开始实地调研，瑞恩派他的助手丽媛先去探访每个场景，寻找适合拍摄的奶奶们。与此同时，我和瑞恩负责召集摄制组，为接下来几个月的拍摄做好后勤工作。

新的团队成员

瑞恩 加拿大，40岁

性格： 严肃，专业，工作狂、行业佼佼者、一个恪守时间和效率的人

经历： 很有才能的主持人，极限旅游节目的制片人，有着多年旅行节目的制作经验，《奶奶最懂得》是瑞恩制作的第一部纯中文电视节目。我的合作伙伴，我的执行制片人。

丽嫒　中国，广州　30岁

性格：亲切，认真，剪了一头短发，带着鼻环，看起来酷酷的

经历：丽嫒是瑞恩的学徒，有着干练的外表，说话干脆利落，看得出她是剧组工作的最佳人选。她专业的态度让人不由得产生一种敬意，这也是我特别欣赏的几个品质。丽嫒担任制片人、调研员，是整个团队的核心人物。

查德　加拿大，35岁

性格：沉稳，成熟

经历：瑞恩的得力助手，曾经定居上海，中文水平不错，热爱中国文化。

杰西　美国，27岁

性格：活泼，爱开玩笑，电子音乐控

经历：摄影助理，与瑞恩和查德合作多年，这是他第一次来中国工作，是整个团队里最年轻的成员。

杰克　新西兰华侨，33岁

性格：傲气，坚强

经历：杰克是剧组的导演，同时负责后期制作。杰克和瑞恩共事有八年多的时间，人称"创意天才"。

拉拉　中国，北京　28岁

性格：认真，积极，好学

经历：拉拉在拍摄一半的时候加入团队，担任调研员，负责场景考察。她能很快地与奶奶们建立起友谊，奶奶们很信任她，也很喜欢她富有朝气的活力和质朴的品质。

　　这就是我的全部剧组成员——一个集合了国际电影人才和专家的完美组合。在交流方面，有会讲中文的：我、丽嫒和杰克，瑞恩可以听得懂中文，查德听得懂还能说一点中文。而查德、杰西和瑞恩三个人已经共事多年。他们之前一起拍摄了瑞恩穿越沙漠、高山等许多冒险类节目。而这次，瑞恩和我同时作为节目的执行制片人。就这样，每个成员都到位了，大家蓄势待发，准备开启这美好的旅程。

每当开始拍摄一部新剧时,我禁不住都要捏自己一下,好像是在提醒自己,我是有多么幸运可以从事自己最热爱的工作。摄影机镜头所带给我的那种刺激感溢于言表。你知道镜头就在那里,像期待见证奇迹发生一样,这种紧张又激动的心情真是令人沉醉。做主持人需要表现自然、有吸引力,展现他自信的一面,与观众建立联系,让大家喜欢看这片子。特别是在纪录片拍摄中。主持人的最重要部分就是做你自己,活在当下,以最自然的方式感受新的体验,同时允许其他人比你更耀眼。在工作了这么多年后,我想我已经在最后这一点上成熟了许多。我现在意识到,虽然一开始观众可能是因为某个主持人而观看一个节目的,但让观众继续追剧的重点在于剧集中所采访的对象,以及整个交流互动中给观众的感受。《奶奶最懂得》这部剧和我以前的拍摄经历有点不同。从概念到拍摄,我很清楚自己想要呈现出来的作品是什么样的。这一次的主角是那些将要传授烹饪秘方的奶奶们,我希望通过这部剧集,展现她们朴实而精彩的人生。这就是本剧的目的。

对于本书中所提及的人物与意见,仅代表我个人观点,如有冒犯请多多包涵。作为一个在中国的外国人,我看待事物的视角不同,对待我所接触到的人和事,我都持尊重的态度。因为我知道每个人都来自不同的生活背景,有着自己的信仰和处事方式。在这本书中,我以自己的亲身经历为基础,讲述了16位奶奶的故事。同时,书中涵盖了34道特色食谱——18道奶奶们的传统食谱和16道大米私房菜。这些也会在电视剧中得到呈现。所有的食谱都是根据我的亲身体验所记录的。当然,烹饪的方法不仅这一种,这里介绍的步骤也不代表是这道菜最正统的做法。这仅仅是奶奶们教给我的食谱,带着她们的智慧和传承。当然,估计你也猜得出,奶奶做饭的时候是不会称重量的。因此,本书中的食谱仅作为烹饪传统菜肴的一个指导方向。同时,我也提供了现代厨房烹饪的可行性建议。

我真心地希望你能在家里尝试这些食谱。当然,其中有几个食谱听起来怪怪的,有的只包含一两个食材,还有甚者需要猪肚或牛肚汤作为原料。如果你找不到这些食材,请不要灰心。之所以选择这些食谱,是希望能留住传统,留住历史,即便它们有的并不符合现在烹饪现状。如果你对复制传统食谱有更好的想法,一定要在微博上给我留言哦!

最后,我要非常感谢英文翻译孙珍妮的辛苦付出,准确完整地呈现出我所要表达的内容和情感;也要一并感谢瑞恩、杰西、查德拍出那些情景再现的图片,让这本书更加精彩。在你翻开正文之前,还有一点提示:本书中的剧集顺序可能与播出的顺序有出入。因着种种原因,拍摄与实际播映的顺序都会有所不同。

好了,我希望你喜欢这本书,尽情地享受烹饪所带来的幸福感!祝大家做饭愉快!

大米
Jamie Bilbow

目 录
Contents

安徽 | 黄山 木梨硔村

- 013 隐藏在云海中的神秘村落
- 014 每离开城市一公里,空气就越发新鲜
- 015 这里的景色如此振奋人心

- 016 **汪奶奶**
- 020 米粿
- 022 木梨硔冬笋意大利面
- 024 整个剧组就乌烟瘴气了
- 025 我决定坐着做饭

- 026 **洪奶奶**
- 030 红烧臭鳜鱼
- 032 炖咸鱼
- 034 我看到的是逆境中的坚强
- 037 强烈推荐大家去木梨硔看看

浙江 | 金华 潘周家村
　　　浦江 郑宅镇

- 039 有些美是需要发现和品味的
- 040 目光所及之处全是面条

- 042 **陈奶奶**
- 046 潘周家长寿面
- 048 法式潘周家鸭丝汤面
- 050 努力让更多的人知道
- 051 长寿是这个村子的名片

- 053 西餐里没有豆腐皮
- 054 我找到她了!

- 056 **张奶奶**
- 062 豆腐泡
- 064 巧克力花生酱豆腐泡
- 066 我们被眼前这一幕惊呆了
- 067 他们是生活的英雄

四川 | 丹巴 中路乡

- 069　静谧而淳朴的隐世之美
- 070　感受自然的美景与生命的律动

072　阿冲奶奶
- 076　Yawo（布谷肉）
- 078　中路乡血肠
- 080　法式藏寨里脊肉
- 082　农民、工人和梦想家

084　格玛初奶奶
- 086　火烧子馍馍
- 088　西班牙蛋饼加馍馍
- 090　拍摄过程充满积极的正能量
- 091　最难忘的烹饪方式

云南 | 丽江 玉湖村

- 093　传统的纳西族古村落
- 094　玉龙雪山仿佛在向我们召唤

096　赵奶奶
- 100　纳西火锅
- 102　丽江粑粑
- 104　葡萄牙绿菜汤和玉米饼
- 105　共进最后的晚餐

106　李奶奶
- 108　纳西月饼
- 110　吉尔奶奶的苹果派
- 112　分享最动人的甜蜜时光
- 113　最美味的菜肴在乡间

贵州 | 荔波 水扒村
　　　 黎平 肇兴侗寨

115	传承世代流传的智慧	128	侗乡第一寨
116	探寻水族古老的传说	129	去肇兴侗寨走一走

118 蒙奶奶
122　韭菜包鱼
124　鱼包柑橘
126　她是家庭的凝聚力
127　真是一个重感情的家庭

130 陆奶奶
134　牛瘪汤和糯米饭
136　肉丸子
138　来自仁团的匠者仁心
139　寻找更多的美食

广西 | 昭平 黄姚古镇

141　梦境家园
142　像是回家了一样

144 杨奶奶
148　香芋扣肉
150　Laing（五花肉配椰奶芋头叶）

152 郭奶奶
154　豆腐酿
156　豆腐布丁
158　面对未来，笑看人生

福建 | 平潭 白胜村

161　如同一块沉睡的瑰宝
162　仿佛置身于世界的尽头

164　吴奶奶
168　八珍炒糕
170　西班牙海鲜饭
172　这还不是最有趣的时刻

174　林奶奶
178　咸坜（时来运转）
180　平潭特色鱼派
182　奶奶的故事感人肺腑

海南 | 陵水 新村渔港

185　世世代代以捕鱼为生
186　海岛生活独特的乐趣

188　陈奶奶
190　气鼓鱼粥
192　气鼓鱼春卷
194　整个剧集中遇到的最大难题
195　生怕鱼在半路上不幸牺牲

196　黎奶奶
200　椰子鸡
202　意式蟹肉饺子
204　为这部剧集画上了完美的句号
205　共同致敬一路上遇到的奶奶们

安徽
ANHUI

黄山 木梨硔村

隐藏在云海中的神秘村落

坐落在云端的徽州木梨硔村是安徽古镇中海拔最高的村落。木梨硔村至今已有300多年的历史，目前只有52户人家共计166名村民居住在此。木梨硔村三面环山，遍布茶田、竹林和花海，被喻为"隐藏在云海中的神秘村落"。

每当清晨，云雾便笼罩村庄。由于地形的原因，一年中有近100天可以看到云海奇观。这个村庄也因其日出和日落的美景而闻名。村民的房屋依山而建，仍然保留着徽派建筑风格，由南至北，呈阶梯状延伸。由于房屋较密，门口的道路狭窄，当地人无法晾干农作物。于是，每户人家都在自家门前搭起了一排排木制晒台，各种各样的蔬菜在新鲜的空气和阳光下晾晒着，有白菜、芥菜、红辣椒、南瓜、大豆、玉米、圆白菜等。

由于近几年来村里的旅游事业逐渐起步，年轻人开始回流，经营民宿代替出门打工，多数老人在村中帮着孩子一起经营家庭民宿。村庄通公路，但是在最后进村的地方要上800级台阶。

每离开城市一公里,空气就越发新鲜

怎么描述木梨硔村呢?请看看照片吧。我想,看照片就能说明一切。这是一个美得令人惊叹的古村落。相比于之前拍摄的任何剧集来说,我更期待《奶奶最懂得》的录制,其中的原因之一就是拍摄的地点。我在挑选拍摄地点的过程中投入了大量的精力。中国还有6个省份我从未去过,安徽就是其中之一。

虽然,我对安徽省的文化、居民、饮食和气候事先做了一些了解研究,但老实说,我还是带着一张白纸和一颗开放的心前往那里的。飞机降落在杭州机场后,我们驱车前往木梨硔。一路上,能明显感受到空气质量的提高,每离开城市一公里,空气就越发新鲜。我的整个身体都渴望飞到远方的地平线,在那里能看到绵延的青山,而且离我越来越近。

11月的天气微寒,一出机场大楼就感受到了一丝凉意,这是可以预料到的。然而令我意外的是,这片的富饶土地会有这么多绿油油的植被。我们在路上开了3个小时,兴奋和期待在一点点增加。终于到达了目的地。下了车,不得不承认这里给我的第一印象有点失望。

这里的景色如此振奋人心

因为道路突然中断,很唐突地出现了一个停车场,没有任何标志指示前方通往何处,真有种虎头蛇尾的感觉。刚好那天早上下了雨,地面又湿又泥。我们把车停好,安排所有的设备运到村里去,便登上了那名扬中外的木梨硔阶梯。

来这之前就久仰大名了。这些阶梯敞开了村子的大门,带来了更多的游客,为村民发家致富提供了保障。在过去,只有穿过灌木丛爬上陡峭的岩石才能到达村庄。虽然当地人已经习惯这样来往,但却阻挡了大量游客的到来。如今,沿着新搭起的竹子阶梯走20分钟,穿过茂密的竹林,就能到达木梨硔村。

渐渐地,我们远离了停车点,我失落的心情也烟消云外了。通常,为了看到真正壮美秀丽的风景,需要爬到更高,才能有更远的视角。当我低着头爬楼梯时,一步又一步地往上走,根本意识不到即将看到的景色。直到爬到楼梯的最顶端,转身向地平线望去,我才发现这真是一块独一无二的自然瑰宝。映入眼帘的是那一望无际的山头,连绵起伏。山上的空气明显好太多了,有一股清香扑鼻而来。我深深地吸了一口气。这里的景色如此振奋人心,也是我们选择木梨硔的主要原因之一。在那一刻我就知道,在接下来的一周内,无论发生什么,这一集从视觉上看已经完胜。

MRS. WANG

汪奶奶

汪助囡 66 岁

性格：外向，善谈，
笑起来很有亲和力。

拿手菜：米粿

— 经历 —

　　年轻时，汪奶奶通过介绍嫁到村里并育有 2 子，1 个儿子在乡上的村委会工作，另 1 个在南京工作，置房并成立家庭。

　　汪奶奶现在一人经营着自己的民宿。她烧得一手好菜，忙时做 30 个客人的饭菜也不在话下。

　　家中一年最热闹的日子是过年的时候，汪奶奶喜欢祖孙三代一起庆祝这一年中最重要的节日，也给平时冷清的家添加了热闹的气氛。

　　汪奶奶希望可以搬到南京去居住，但又不舍得老房子，也要照顾汪爷爷。

　　从汪奶奶身上我可以看到他们那一代人，和我们的祖祖辈辈一样辛勤付出，人生围绕着"家"，这是她们的归宿和温暖。

一个特别优秀的角色

我们住的民宿位于村子最上方，步行5分钟就能到汪奶奶的房子。当然，如果你走对了路，那就只需要5分钟。可是，村里许多古色古香的小路看起来完全一样！所以，我们走了大约20分钟才来到汪奶奶家。她满面笑容地等着我们。见我们来了，就招呼我们进屋，忙着给我们沏茶。我忽然想，7个陌生人突然到她家里采访，其中4个还是身高一米八多的西方人，这景象对于汪奶奶来说该是多么新奇。

奶奶的家在村里一条主街道的街角。村里的房子大多有一个很宽敞的前廊，由混凝土堆砌而成，奶奶家也有一个。她告诉我，现在木梨硔村的居民都把自己的房子开发成民宿，给游客提供床位和早餐。在旅游旺季，民宿的生意越来越好。慢慢地我们聊到了她的家庭，谈到更多关于她的儿子、他们的工作和奶奶的日常生活。我们的交谈特别顺畅，这让我感到非常高兴。虽然还没有开始拍摄，但我确认汪奶奶作为第一位上镜的奶奶会是一个特别优秀的角色，观众缘肯定没得说，就像那天早上一样，我和她一见如故。

当剧组开始设置场景时，我有幸和汪奶奶能够单独交流。我俩坐在她前屋里开始闲聊。聊聊美食、天气、村子和她的家人。对于我来说，这是最宝贵的时刻，也是我最喜欢的电视制作过程之一。闲聊可以让受访者放松下来，并且借机告诉他们拍摄的目的和意义。我能想象到在我来之前，这些我将要向他们学习做菜的中国各地农村人们的感受、他们的期望以及他们可能感到的紧张和不安。对于大多数人来说，这是他们第一次接受拍摄，他们都敦厚纯朴，不习惯受到关注。在他们面前放一个巨大的摄像头可能是一件非常吓人的事情。

现在就是我来安抚奶奶紧张情绪的时刻了，顺便能加深对受访者的了解。我很欣慰地发现汪奶奶很健谈，既风趣又欢乐。可是，一提到制作米粿她就感到非常紧张，她一直告诉我她年纪大了，不是一个好厨师，她的视力不好，也不是个能说会道的人。

如果让我用两个词来概括汪奶奶的话，那就是谦虚和善良。尽管她经常告诉我她现在太老了，但她看起来还是很年轻，很活泼。我想这应该就是人性吧，总觉得自己老了。我有时也觉得自己老了，人总是将现在的自己与从前做比较。但事实上，年龄也是一种心态，正如我反复告诉汪奶奶的那样，她的心理年龄看起来特别年轻，笑容美丽又和善。

当我们攀谈时，我注意到汪奶奶的眼睛有点问题。她不停地揉眼睛，眼泪都流出来了。这情景让我突然想到了我的奶奶也是饱受眼疾，视力已经严重受损。

在竹林里寻找冬笋

米粿是非常具有安徽特色的当地美食。汪奶奶说，11月下旬最适合吃米粿，因为这时候的冬笋最饱满，是味道最好的时候。制作米粿较为费时，需精选当地最新鲜的食材，比如冬笋、白萝卜和芥菜。正因如此，安徽省的大城市里很难见到这道菜。生长在木梨硔村周围山上的食材，在清新空气的滋养下，味道更鲜美。制作米粿首先要按照一定比例将糯米粉和普通米粉均匀混合。在村里人们用旧磨石加工米粉，当然现在可以直接购买米粉了，大大缩短了制作过程。我不得不说，自己亲手加工碾米粉并不会改变多少口感，但这绝对增加了我对这道菜的期待和不断飙升的饥饿感！

为了准备食材我们需要寻找冬笋。这是我第一次在竹林里寻找冬笋，对我来说是一个全新的体验。汪奶奶在一旁亲自教授冬笋的相关知识也是我们想拍摄的题材，作为第一集的开始这是一个很好的切入点。

经验丰富的汪奶奶在这里找了一辈子冬笋。可现在的问题是：冬笋在哪里？通常，可以从人的肢体语言中辨别出她是否开始焦虑。当我们四处挖掘时，虽然汪奶奶教给我们寻找冬笋的最佳地点、寻找的要点以及为什么这个地区盛产优质冬笋等。这一切听起来都不错，但当我们在所谓的"最佳地点"不断对土壤进行着"黑客式地攻击"时，我不禁在想，貌似我们更擅长做山林美化的工作，而不是寻找午餐食材。

抡锄头是最基本的农活，可我的动作看起来还是那么不协调，要么挖得太浅，要么挖得太深，角度总是不对。然后就到了最经典的时刻——我把汪奶奶的锄头敲断了。了解我的人肯定知道，这就是典型的大米。我笨手笨脚的毛病很严重，经常造成很尴尬的局面。这下可好了，我心里特别内疚，可是汪奶奶那么善解人意，她说那个锄头早就坏了。我想，估计她当时更关心的是我们可能找不到冬笋了！我们还在不停地挖，锄头都坏了一半，汪奶奶也紧张了起来。可能对她来说是件挺丢人的事，但我跟她说不用担心，拍摄的重点在于享受下午时光，我们时间很宽裕，只要我们都很享受这段时间，这在我心里就是一个完美的镜头。

我们继续不断"美化"着山坡，直到最后汪奶奶一声胜利喜悦地喊道："我找到了一个！"她的声音充满了解脱。奶奶虽然一辈子都在这挖冬笋，但就在挖到冬笋的那一瞬间，她跟我这个初学者一样充满了兴奋和激动的心情，这真的很棒。

在找到第一个冬笋后，我们时来运转，很快地找到了许多。在整个过程中，我能感受到汪奶奶的心情放松了下来。她笑起来很可爱，笑声有点憨厚。在离开林子的路上，我俩停下来快速拍了一张合影，你能看到。这张照片给拍摄的第一天上午画上了完美的句号，如释重负的甜蜜笑容！

安徽　黄山 木梨硔村

米粿 (6人份)

奶奶菜谱

材料

粘米粉 250克	冬笋 2个	淀粉 1克	小干辣椒 4个
糯米粉 200克	小白萝卜 2个	豆腐 50克	生抽 1大勺
艾叶 100克	雪菜 75克	小葱 1根	盐 少许
开水 300毫升	大蒜叶子 25克	腌制20天五花肉 75克	

小插曲

　　加入艾叶水的绿色米粉中多了一份微苦的泥土气息。有些地方做的米粿添加艾叶水的比例比汪奶奶多得多，这样蒸出来的米粿就是鲜绿色的。当然这取决于个人的口味，多加少加皆宜。因为木梨硔村所处的位置和海拔特殊，常年被云海围绕，湿气也比较重，所以加入艾叶水对当地人来说是很好的祛湿、散寒的方法。正因为气候潮湿，当地人也非常喜欢吃辣。

　　奶奶做好了米粿的馅，我就迫不及待地尝了一口，发现它太香了，我实在招架不住了！事实上，当时的我特别想就着菜馅配上面条或米饭就这么吃了，真是太好吃了。

　　我不得不承认，包米粿的工序对于我来说有点复杂。因为当时太阳快落山了，我心里着急，就有点手忙脚乱，皮做得太厚了，口感与汪奶奶做的相差甚远。在冬季的气温下，米粿可以自然存放2周左右。放凉的米粿可在炭火上烤、油煎，或隔水蒸。于是我们选择蒸20分钟。蒸出来的米粿皮软糯香，包裹着超美味的冬笋肉馅，真是喷香可口。一定要趁热吃，当然可不要像我一样，嘴里烫破了皮。杰克让我直接从蒸笼

做法

1. 用开水煮艾叶20分钟，漂洗去掉其中的苦涩味。
2. 捞出艾叶，挤干水分并剁细，越细越好。煮艾叶的水留着待用。
3. 将切碎的艾叶倒入粘米粉和糯米粉中。
4. 把冬笋和白萝卜擦丝。
5. 将擦好的萝卜丝和冬笋丝，在锅里烫水两分钟，再捞出来冲水洗，待用。
6. 将五花肉和豆腐均切成小块，雪菜、大蒜叶子切碎。
7. 五花肉入锅用油翻炒，炒出香味至金黄色为止，倒出多余的油待用。
8. 加入大蒜叶子、冬笋和白萝卜，使其吸收猪油，最后加入豆腐和雪菜，大火翻炒5分钟。
9. 用干辣椒碎和盐调味，加入生抽、两勺炒五花肉的油，馅就准备好了。
10. 出锅装盆备用。请尽量不要偷吃做好的菜馅哦，请继续忍耐！
11. 在米粉里，缓慢地加入温热的艾叶水，调和为不软不硬的面团。
12. 揉搓10分钟，直到面团变柔软。
13. 把面团揉成一个个小球，擀平。手握成碗状，取一大勺馅放到面皮的中间，双手迅速对折按压边缘捏紧，然后把它压成扁平状米粿坯。
14. 把做好的米粿坯蒸20分钟。

里取一个出来吃，我想也没想就咬了一口，一股熔岩般的热流瞬间融化在我的嘴里！没想到历经千辛万苦竟落得如此下场！幸好，我很快就恢复了。大家一起坐下来享用已经微微冷却的米粿。一边吃着，汪奶奶一边责怪我说，包馅的过程太快了，包的米粿皮太厚。不过，她还是用她一贯的和蔼态度，笑着告诉我不用担心，还拍了拍我的肩膀，让我继续练习米粿制作的技术！

木梨碪冬笋意大利面 (4人份)

大米菜谱

材料

- 冬笋 4根
- 鸡汤 100毫升
- 白酒 100毫升
- 黄油 30克
- 艾叶 100克
- 橄榄油 75毫升
- 植物油 200毫升
- 蒜瓣 6粒
- 意大利面 500克
- 圣女果 200克
- 红辣椒 200克
- 干欧芹 2汤匙
- 辣椒面 2汤匙
- 盐 少许

小插曲

这是我在本剧集中做的第一道菜。这道菜的挑战是如何将冬笋这一食材用西餐的方式烹饪。我得承认，我对冬笋一点也不了解，因为它很少用在西方烹饪中，所以我必须判断它的味道和质地，并根据自己的诠释搭配食材创意出一个食谱。

我第一次看到汪奶奶剥冬笋的时候，就注意到它的质地跟洋蓟心很像。质地很硬，显然是需要经过很长的烹饪过程才能变嫩。味道像是一种略带甜味的菜根。我想通过油炸和炖糖汁来增加甜味。汪奶奶用香料和蔬菜搭配冬笋做馅，味道格外鲜美。所以，我决定加入辣椒面。

最终，一道焦糖包裹的冬笋片配香蒜红椒意大利面出炉了。因为我选择了意大利菜系，所以可以利用我们采的艾叶制作香蒜酱。

做法

1. 冬笋剥皮。
2. 把3根冬笋切成厚片,剩下一根切成薄片。
3. 将厚笋片放入小锅,倒入白酒和鸡汤,用中火煮20分钟或直到笋片变软。
4. 用开水煮艾叶20分钟,漂洗去掉其中的苦涩味。
5. 在煮冬笋的时候,准备一大壶开水煮意面,里面放少许盐。
6. 准备艾叶香蒜酱。在杵臼子里放入两粒蒜瓣、一小撮盐、煮好的艾叶和50毫升橄榄油,搅拌均匀直到出现深绿色的酱汁。
7. 待厚笋片在锅里一旦变软,把它们取出放在一个小煎锅里,涂上黄油,煎到边缘变成金黄色。
8. 把意大利面煮到稍有嚼劲即可。
9. 在平底锅中倒入植物油,将冬笋薄片炸至焦黄酥脆。
10. 炸好后放在厨房用纸上除去多余的油。
11. 剩下的大蒜切成薄片,圣女果切开两半。
12. 在煎锅中,倒入剩下的橄榄油,将大蒜、圣女果、红辣椒配上干欧芹和辣椒面一起煎5分钟,或者直到大蒜煮熟、西红柿变软即可。
13. 加煎好的厚笋片和煮好的意面。倒入两勺面汤。
14. 搭配艾叶香蒜酱,盛在碗里。撒上炸脆冬笋。

安徽 黄山 木梨硔村

整个剧组就乌烟瘴气了

回想起我在这部剧集中的第一个烹饪场景,内心由衷地喜悦。首先,木梨硔村的地理位置十分完美。我们原本是想以起伏的青山作为背景,可出人意料的是村子里竟找不到这样的场景。由于房子一个挨一个,我们找到的大多数院子都被遮挡了。最后我们来到一个用于储存建筑材料的废弃屋檐下。

询问了周围的邻居是否介意我们在那里做饭,可能需要几个小时的时间。幸运的是,他们都很配合,于是,我们就开始清理这个区域,把堆积的建筑材料移到一边。

拍摄了30分钟时,遇到了第一个麻烦。我当时用砖堆起了个炉灶,在上面生火做饭。可是那天风太大,没过多久,整个剧组就乌烟瘴气了,所有人都被呛得咳嗽、流眼泪!在开了一次简短的会议之后,我们一致同意重新开始,使用煤气炉,放弃了明火的想法。有趣的是,这后来成为整个剧集的烹饪模式。

我决定坐着做饭

从这第一个烹饪场景开始,我们决定购买一个便携式燃气炉,并在当地购买燃气。还有一个模式决策,现在回忆起来还真觉得有趣,那就是我决定坐着做饭。

在之前录制的所有节目中,我都会站着做饭。这就意味着每次录制结束,我都会腰酸背痛;而且从观众的角度来看,当我弯着腰在一张低矮的桌子前做饭时,他们直视的竟是我的秃顶!于是,在这次拍摄中我想试验一下坐着做饭。令我惊讶的是,坐着拍摄能让我在镜头面前更舒适自如。从烹饪的角度看,把菜板放在膝盖上切菜貌似有些尴尬,但我觉得这是一个值得做的妥协。

安徽 黄山 木梨硔村

MRS. HONG
洪奶奶

洪春岗 73 岁

———

性格：外向，善谈，乐观。
拿手菜：红烧臭鳜鱼

- 经历 -

洪奶奶家庭结构简单，目前与女儿共同生活，有一个孙子在杭州工作。

洪奶奶曾经担任过妇女委员，并在工作中认识了丈夫。后来因为抚养孩子的压力决定搬回木犁碇村务农。洪奶奶的丈夫 8 年前病故，她自己在照顾丈夫的过程中不慎将左腿摔伤，导致走路有些不便。

洪奶奶善良、乐观，这对女儿也产生了很大的积极影响，母女关系非常和谐。她家是最早一批开始做民宿的家庭，口碑很好，洪奶奶现在与女儿一起经营民宿。

坐不住的勤快人

洪奶奶端上茶水欢迎我们的到来。我们介绍了接下来几天的拍摄工作。洪奶奶也闲不住,即使在我们交流时也要到处忙活。她一会儿烧水,一会儿准备配料,一会儿扫地,一会儿又去规整收拾,总之洪奶奶是个坐不住的勤快人!

洪奶奶的性格属于那种会吸引你想要了解更多关于她的故事。每当她微笑时,整个屋子都充满了温暖,而我总是不由自主地想让她笑。听说我们想展示她与女儿平常在民宿工作的场景,或者让她女儿也加入到烹饪环节中,洪奶奶就向我们讲述了一件令人悲伤事情。一年前,洪奶奶的女婿意外过世了。在她描述事情经过的时候,我都不能相信自己的耳朵,不得不反复确认我的理解是否正确。这件事情的发生让整个家庭都悲痛万分,我能想象经历这种意外,就像天塌下来的感觉一样。

洪奶奶在向我们讲述她的家庭情况时,没有露出一丝自怜,也从来没有寻求过同情。她用自己的情感清晰地诉说着自己的故事,她真是一位坚强的女性。现在她的生活全是围绕着女儿,每天帮助女儿经营民宿。

洪奶奶告诉我们,她女儿不想参加拍摄。她自己很乐意传授她在当地的拿手好菜,而她的女儿更愿意在镜头后面观看和支持。我们完全理解她,拍摄生活纪录片最重要的就是展示生活的本质,每个人的生活并不完美,其中包括痛苦和艰辛,我希望这部剧集能够真实地反映出这一点,让观众感同身受。我们向洪奶奶保证,我们会尊重她和她女儿的心愿。

安徽　黄山　木梨硔村

奶奶在村子的另一端有自己的房子，大约要走15分钟。我们向洪奶奶表示感谢，感谢她今晚抽出时间以及接下来的几天里将给我们提供的帮助。我们向洪奶奶和她的女儿道了晚安，早早收工回到旅店。当我躺在床上的时候，我的脑袋里充满了想问洪奶奶的问题。她是如何保持积极的生活态度的？她的力量从哪儿来？烹饪在她的生活中扮演了怎样的角色？生命真是短暂的，不经意间某些东西就会从我们身边抽走。这不禁让我想起了我的一位亲人，也是毫无预兆地突然过世，想着想着，眼泪从我的脸颊滑过。生活有时是残酷的，但这些事情也能将人与人之间紧密地联系起来。我想，在某种特别的意义上，这本身就是一种安慰。

刮好的鱼已经在厨房里跃跃欲试

第二天早上9点，我们来到洪奶奶家，奶奶已经在忙着准备她刚腌好的芥菜。查德和杰西准备装备，丽媛、杰克和瑞恩则在一旁讨论如何处理隔壁正在装修施工的干扰问题。但周围发生的一切似乎都没有影响到奶奶。

洪奶奶所准备的腌芥菜在村里到处都能看得到。洪奶奶的芥菜有些正在风干，就挂在长木杆上让叶子分开，这样干得更快、更均匀。那些已经晒好了的，就往上加盐。

洪奶奶将半腌制的菜切成小块，这需要相当大的耐心，但洪奶奶不急不慢、有条不紊地切着，仿佛这个过程就是日常工作的一部分。洪奶奶的女儿也没闲着，她在屋后的巷子里刮鱼鳞。

这时，丽媛已经施展了她的"魔法"。经过商讨，隔壁的工人同意先去这条街的另一栋建筑施工，这样就能离洪奶奶的民宿远一些。而我们也准备好开始拍摄剧集的第二道菜品。刮好鳞的鱼已经在厨房里跃跃欲试，烹饪这道菜对于我来说将是另一个新的体验。我已经迫不及待地想向洪奶奶学习制作臭鳜鱼的古老技法了。

奶奶菜谱 红烧臭鳜鱼

材料

臭鳜鱼 2条	老抽 3勺	生抽 2勺	淀粉 2勺
大豆油 30毫升	黄豆酱 3勺	白砂糖 1勺	小葱 3根
干辣椒 3个	蒜末 3瓣	辣椒粉 1勺	
米酒 75毫升	姜末 1勺	水 20毫升	

小插曲　　这道菜的关键在于鱼。臭鳜鱼是一道非常特别的菜,得益于古老的腌制技术。新鲜鳜鱼必须提前从当地鱼贩那里预定。肉质最肥的鱼是三月、四月的鳜鱼,所以许多当地人会提前冷冻好以便冬季食用。因为制作臭鳜鱼费时费力,许多木梨硔村民一般都是直接买腌制好的臭鳜鱼。但是洪奶奶家喜欢吃自己腌制的鱼,这样可以自己控制调味料剂量和腌制的时间。洪奶奶看起来特别擅长对付漫长而艰辛的工作,这正好符合她坚韧不拔的性格。

　　和臭豆腐一样,臭鳜鱼似臭非臭的风味并不是真的腐坏了,而是由发酵产生的气体。在发酵过程中,由于蛋白质大分子分解与多种细菌产生化学作用,鱼肉变得更加嫩滑,也更有利于营养成分的消化吸收。洪奶奶讲这段的时候,我的汉语听力就有点跟不上了,幸亏之前研究过此类发酵过程,我才理解了个大概。

　　奶奶准备了一桶鳜鱼,准备传授给我她的制作秘方。先用干辣椒、八角、大

 奶奶最懂得

做法

1. 将臭鳜鱼洗干净，去鳞，去内脏，在鱼的表面上刻花刀。
2. 把蒜、姜和葱都切成末。
3. 在炒锅里倒入油，放干辣椒热锅。
4. 油热好后，去掉辣椒。
5. 调大火，把整条鱼放进锅里。
6. 当鱼表面呈金黄色调小火，加入米酒，老抽和黄豆酱，煮五分钟。
7. 放入姜末、蒜末、白砂糖、辣椒粉和生抽，调味。
8. 如果锅里鱼太干了可以倒入水。
9. 用淀粉勾芡，两分钟后出锅。
10. 上菜前再点缀些葱末。

蒜、姜和大量盐覆盖鱼表面。鱼发酵所需要的时间取决于当地的气候条件。而奶奶有自己的判断，一般由于温度不同，发酵时间从两天至七天不等。这些鱼被保存在当地制作的木桶中，木桶将其独特的风味融入鱼肉里，使其无疑成为一道木梨硔特色菜。鳜鱼在腌制过程中经过加盐加压，腥味随着水分渗出，鱼肉反而口感更紧实。奶奶也会将腌制好的鱼冷冻起来，这样一年四季就都能吃到红烧臭鳜鱼这道菜了。

如果你想在家里做这道菜，却买不到臭鳜鱼那就买一条现成的腌制鱼。煎鱼的时候，如果你是一个像洪奶奶一样的顶级厨师，可以将鱼直接丢进锅里，大火爆炒，火焰就在整个锅里燃烧起来！这可以算最炫的时刻啦，只见洪奶奶淡定自如，火焰映照在她的瞳孔中，欢快起舞。奶奶的脸上露出灿烂的笑容。我得再重复一遍，煎的过程很重要，因为这道菜的重点是外脆里嫩的腌制鱼肉。

天哪，写到这里我真的想要回到木梨硔，遥看连绵不绝的远山，配着一碗米饭，再尝一尝这道鲜嫩可口的红烧臭鳜鱼，美味如在天堂！

炖咸鱼

`大米菜谱` (4人份)

材料

臭鳜鱼 1条	酸豆 50克	欧芹 少许	橄榄油 50毫升
土豆 3个	绿橄榄 150克	黑胡椒碎 少许	
菜花 1个	凤尾鱼 5条	海盐 少许	
小葱 3根	大蒜 3粒	辣椒面 1勺	

小插曲 这道菜的效果比我想象的要好

有一道葡萄牙菜品是利用干鳕鱼的腥味做浓汤,使其浓郁的咸鱼味搭配绿橄榄和酸豆的酸味。受这道菜的启发,我决定挑战对于我来说是完全陌生的新食材——臭鳜鱼。

我在研制这个菜谱的时候多少有些顾虑。和洪奶奶一起做饭让我有幸尝到了她做的臭鳜鱼。她做鱼的方式极好地吊出了鱼的鲜味,鱼肉口感弹韧厚实。洪奶奶用大蒜、生姜和老抽来调味,而我选择用清汤煮鱼,使用绿橄榄和酸豆调味,这两样食材是中国很少用到的。我想,这样的搭配至少会提供一个有趣的话题,给做了这么多年传统臭鳜鱼的洪奶奶一个惊喜。关键是,这道菜的效果比我想象的要好!

做法

1. 准备臭鳜鱼，治净、去刺，切成一口大小的鱼块。
2. 在大锅里倒橄榄油，把葱段和土豆块炒5分钟，或者直到土豆开始变软呈金黄色。
3. 这时加入菜花、大蒜和凤尾鱼，倒入凤尾鱼油提香。
4. 倒入水，没过土豆和菜花。
5. 汤煮沸后，加入鱼片、酸豆、绿橄榄、欧芹和辣椒面。
6. 汤煮15分钟或者煮到鱼出咸味、土豆变软为止。
7. 盛到一个深碗中，撒盐、黑胡椒碎并在上面点缀干欧芹，即可上菜。

　　这道菜品的创意亮点除了最明显的臭鳜鱼外，就是菜花的使用。我选用的菜花品种在中国农村很常见，但在西方却不多见。西方的菜花一般叶更大，茎更短而粗，更像西蓝花。我特别喜欢这种菜花；长长的茎干又甜又嫩，非常适合在这道汤中使用。这种甜味完美地平衡了橄榄和酸豆的酸度，以及鱼的咸味。

安徽　黄山　木梨硔村

我看到的是逆境中的坚强

我最喜欢的画面就是在临近拍摄尾声时,洪奶奶和我们一起坐下,边吃饭边聊天。她从家要走很长一段路才能到达我做饭的地方,我真的特别感动,因为她想要自己走上来,而不是我把汤拿到家里给她。她跟我说,她已经好几年没来过村头了。这让我想起了我自己的奶奶,当人年老后,活动范围变得那么有限,经常是连续几天待在同一个地方。

我特别欣赏洪奶奶坚强的性格,尽管经历了种种磨难,但她充满了坚定而积极的能量。

我们坐在旅店的门廊上,我特别享受工作一天后与奶奶坐着一起聊天,在她的陪伴下我感到很放松。告别时,我们俩给了对方一个非常温暖的拥抱。

我对洪奶奶充满了敬意。我想让她知道,她带给我的正能量对于我来说是特别

大的动力。当我们说再见的时候,我发现自己一遍又一遍地重复着同样的话:修好你的楼梯,修好你的楼梯,请修好你的楼梯。我真的希望现在洪奶奶已经修好了楼梯,因为她家的楼梯坏了很久未修,真的担心洪奶奶下楼不小心摔倒。

离开木梨硔村之前,我回忆在这里发生的一切。在这里,我们记录了两位性格迥异却又温暖人心的奶奶、两道精致的传统佳肴,这一幕幕风趣、愉快、辛酸而又温馨的画面组成了一集完美的剧。我从这两位了不起的奶奶身上学到了什么?她们的故事对我有什么启发?虽然,想要在短时间内真正地完全了解一个人是不可能的。但我坚信,在汪奶奶和洪奶奶身上我看到的是逆境中的坚强。

汪奶奶和洪奶奶都是那么积极有爱的人,她们面对人生冷暖所表现出的成熟和冷静不就是生活的智慧么。这些年来,她们见证了这个村庄的巨大变化。与时俱进也算是一种对生活的顽强抗争。我很欣慰看到两位奶奶都和自己的家人住得很近,可以互相照顾。汪奶奶有丈夫的陪伴,对她来说也是一个很大的安慰,即便丈夫因为中风瘫痪在家,生活起居全靠汪奶奶一人操持。但是看着老两口相濡以沫生活在一起,我的心里也是暖暖的。无论疾病还是健康都互相爱护并照顾。

而对于洪奶奶来说,她现在是女儿的精神支柱,经历了如此突然的人生磨砺,恢复可能需要一辈子的时间。事实上,她的女儿可能永远回不到从前了,但是她身边的亲人就是上天赐给她的礼物。洪奶奶也会竭尽所能地帮助女儿继续生活下去。我希望她一定能。

在木梨硔拍摄期间,杰克花了几个晚上准备了一个12分钟的短片,方便我们与腾讯合作方商讨拍摄进度,处理存在的问题,以便继续拍摄。在我们离开木梨硔之前,这段12分钟的短片包括了与汪奶奶采集冬笋、制作米粿的片段。当我们把这个短片放给汪奶奶和她丈夫观看时,查德用摄像机记录下了老两口的表情。镜头一开始,就看到汪奶奶扶着丈夫坐起来准备看视频,当播到我和汪奶奶找冬笋那段时,她俩不禁笑起来。汪奶奶边看边笑。看到最后,汪奶奶已经笑得泪流满面了。这段视频真实地验证了我们制作这部节目的初衷。每每观看这段视频,我都会心一笑。这就是我在木梨硔最珍贵的记忆。

强烈推荐大家去木梨硔看看

木梨硔真是一个美丽又迷人的村庄。我认为至少要安排3天的行程，欣赏从日出到日落的美景，品尝各式各样的农家菜，和当地民宿老板聊聊天。对于乡村旅游来说，我认为最后这一点非常重要。我喜欢花时间去了解那些当地人，这是他们生活了一辈子的家。民宿客栈的主人往往就是那个让你的旅行变得难以忘怀的人。

如果是一个狂热的步行者喜欢徒步旅行，那么我强烈建议在游览木梨硔时打破常规，不走寻常路。许多人喜欢拜访仿佛有魔力一般的"观景台"。我去过的每一个村庄几乎都有这样一个共同名称的特色景点，但我不得不说，木梨硔村每一处景色都是一个观景台。如果想安静地欣赏美景，我建议最好再往周围的山上走走。当然，不论你走多远，都会在一天结束时收获一顿丰盛的晚餐。

我们当时住在"天上人家"客栈，店主人特别好客，那里有地地道道的安徽家乡菜。我特别喜欢他们自制的腌辣椒、无限量供应的芥菜、家常豆腐、鳜鱼火锅、当地土豆炒猪肉，还有各种各样的冬笋菜。当然，一定要去尝一尝洪奶奶亲手做的红烧臭鳜鱼，或者品一品汪奶奶特制的米粿，这两样都很好吃。也许有一天，你也能在客栈的菜单上找到我的招牌菜炖咸鱼和冬笋意大利面！

木梨硔的旅游旺季是每年的3月到6月，但是我也非常喜欢在11月底去，因为游客少，客栈没有那么忙，可以有更多的时间跟当地人交流。不仅如此，当你爬了那么多台阶到达山顶时，一股凉爽的微风给你降降温该是多么惬意的事。在晚上，我建议在村子里找一个安静的阳台坐下，如果喜欢画画，可以将看到的美景画一幅写生，即便就是仅仅坐在那里，也是一件特别美妙的事。另一件必须做的事，就是在清晨观看云雾景观。一定要早起，去看那云雾在山谷间绵延缭绕的壮丽景色，如天上人间。

我不得不说，还有一个给我留下深刻印象的就是在木梨硔遇到的游客。每个人的行为举止看起来都很彬彬有礼，在多数情况下会尊重当地人的隐私，这对村庄的未来发展非常重要。随着越来越多的游客来到这里，只有游客对当地文化表现出尊重，才会保护其繁衍生息。

想起木梨硔，我只有最美的语言去形容它。同时更希望旅游业的发展能促进当地经济繁荣发展，民生和谐共处，更重要的是给当地居民带来正能量和美好的未来。特别祝愿汪奶奶和洪奶奶及其家人，我将永远感激她们带给我的这神奇的木梨硔村。

浙江
ZHEJIANG

金华 潘周家村

有些美是需要发现和品味的

潘周家村位于浙江省金华市,属浦江县檀溪镇。400年前,这座古老的村落其实是北周、南潘隔路相望的两个村,后来就像当地人所说的那样,渐渐地因为同一件事融合在了一起,那就是做面条。村里的手工制作面条历史悠久,面条因为又长又韧、久煮不烂的特性称为"长寿面"。今天,人们仍然非常喜欢吃长寿面,都想讨个好彩头。

我们驱车从木梨硔出发,大约开了4个小时,终于在午后抵达了潘周家村。眼前的景象让人不知所措,说实话,我们有些失望。村子里正在大兴土木,空气中似乎弥漫着一种求发展、要改变的味道。片刻,我调整了一下情绪,提醒自己和团队的其他成员,爱上一个地方有时候是要花些时间的。是的,木梨硔美得摄人心魄,让我们一见钟情,可并不是所有到访的地方都必须如此,有些美是需要慢慢发现和品味的。

目光所及之处全是面条

我们把车上的行李搬下来安顿好后,决定趁天黑之前绕着村子走一圈。我们看到主要的改造基本都在村子的主路上。丽媛说,她几个星期前来的时候没有发现要改造的迹象。她领着我们踏上铺着鹅卵石的小巷,往村子的深处走去。

我们边走边看,看到有老人隔着自家的窗户聊天,看到有大妈在做午饭……每条小巷几乎都通向一处美丽房舍,院子四周都是木结构的房屋。这些房舍和庭院宁静而美好,这才是村子真正的样子,每到一处我的心里就会产生些微妙的变化。终于,我们穿过迷宫般的鹅卵石巷道,来到一片开阔的水泥地空场,眼前的景象让我禁不住兴奋地叫出声来。

场院里层层叠叠摆了许多木架子,上面垂坠着如丝线般的面条,又细又长,在阳光下闪着金光。我惊叹于木梨硔的层层山脉和翻滚的云海,那是大自然的奇迹,可眼前的景象同样让人惊叹。这是人类智慧和文明带来的另一种震撼,我万万没有想到会得到这样的欢迎仪式。

我四处走、四处看,目光所及之处全是面条,看得越久越觉得不可思议。悬挂的面条像是最精致复杂的蜘蛛网,透过面条间丝丝缕缕的缝隙,有种看万花筒的错觉,我感觉自己被催眠了,入迷一般。开始,我想这些面条肯定是机器批量生产的,但凑近后发现,他们是有些"瑕疵"的,但正是这不完美才表明就是最完美的手工面。

每个架子上有16~18股面条。每股40~50根。面条是会粘在一起的,但村里人却让它们乖乖听话,根根分明。我大约算了一下,整个场院上有超过30000根面条。

秋冬两季是村子里制作面条的重要时节,也是潘周家村祖祖辈辈延续下来的传统。村里现在有500多户人家,1600余人,家家都会做面条。每年的11月至来年4月,各家各户就开始磨面、和面、拉面。天气晴朗时,大家会一起在村子中央晒面条,远看像是一层层的纱帐,闪闪发光,十分壮观。一同熠

熠生辉的还有村子里数十处明清时期建造的、保存完好的祠堂,让人真切地感受到这个古老村落悠久的历史和沉淀其中的深厚文化。

  我迫不及待地想要了解更多。我有太多问题要问,但我忍住了,最好还是不要打扰他们干活。我边看边想着要问的问题,有种迫不及待想要见到奶奶的冲动。我笑着告诉丽媛和瑞恩,我知道我想拍什么了,我有信心把第二集拍好。

浙江 金华 潘周家村

MRS. CHEN

陈奶奶

陈风青 65 岁

———

性格：乐观开朗，风趣健谈。
拿手菜：潘周家长寿面

– 经历 –

陈奶奶开朗、健谈，老伴陈爷爷则有些内向，不过总是笑眯眯的。爷爷过去是伐木工，后来因为腿受伤提前退休了，现在他每天早起帮着陈奶奶一起做面条，夫妻二人关系十分融洽。他们育有两儿一女，大儿子在单位上班，小儿子在千岛湖做茶叶生意，女儿则跟着奶奶一起做面条，是家中除了奶奶以外还会做面条的好手。

奶奶的皱纹一定是用笑画出来的

到陈奶奶家时,正赶上做晚饭的时间,不过奶奶还是等在门口欢迎我们。她穿着粉色印花围裙,戴着碎花套袖,笑嘻嘻的,眼睛周围堆满了皱纹。有些人的皱纹是很适合他们的,陈奶奶就是。我在想,奶奶脸上的皱纹一定是用笑画出来的,不会是因为沧桑。看着奶奶的笑脸,我能感到她是真的幸福。

进屋后,奶奶就开始忙着做饭了,她说儿子在村里做建筑的体力活,回来肯定饿。爷爷在一旁的沙发上边抽烟边看电视。我忽然觉得很幸运能够来到他们家里,在他们身边看他们怎么生活,其实普通人的生活反而是最不寻常的。

陈奶奶和爷爷的生活很简单。他们自食其力,不依靠儿女贴补,靠做面条让家里人都过上了好日子。家,对于陈奶奶来说就是全部,她所做的一切都是为了这个家。在这个14口人的家庭里,奶奶是重要的黏合剂,把大家凝聚在一起。

提起家人,奶奶的语气都不一样了,眼睛里闪着光。她告诉我,她马上就要做曾祖母了,兴奋的言语中充满着对新生命到来的期待。她带大了五个孙子孙女,为他们洗衣做饭,送他们上学,现在五个孩子都上了大学,说到这里,奶奶笑得很开心,眼里全是骄傲和幸福。

做面条让这个家庭摆脱了贫困

陈奶奶做了50年长寿面。现在她的女儿跟着她学手艺,她很欣慰女儿能够将这门手艺传承下去。对于陈奶奶来说,做长寿面是她生活中重要的一部分。

奶奶谦逊又善良。她老是和我说,自己没上过学,没有文化。很遗憾,我的语言不够给力,没有办法更好地告诉奶奶我内心的想法。我认为智慧并不是书本上学来的,情商更加重要,或者说和智商同样重要。

陈奶奶日以继夜不知疲倦地工作,就是想让她的子女们更有文化,让孙子们都上大学。她做到了!做面条让这个家庭摆脱了贫困,日子也宽裕起来。不过,起初并不容易。陈奶奶说,刚开始的时候她什么也没有,

浙江 金华 潘周家村

面粉都是借来的，好不容易才做出了第一批面条。后来，就这样一斤一斤地做啊做啊，用面粉、水和辛勤的劳动，一点一点换来了今天的稳定生活。她的孙子孙女都是靠做面条攒下的钱上的大学，我想这真的是"食物改变命运"了。

聊起做面条，陈奶奶云淡风轻，总觉得没什么好说的。看她做面条十分从容，无论是和面、揉面、拍打面团、拉面，还是她为我们煮的那碗面，都是那么自然而然。50年的制作经验，让她有了一种大师的风范和气度。

50年了，陈奶奶早已对其中的各种细枝末节太熟悉了，估计闭着眼都能做好。而像我这样的外来客，每一个环节都让我好奇和着迷。

我很幸运，见识过中国不同地方的各式面条，可我想说，潘周家村制作面条的过程是我从没见过的。晾晒时的面条更让人震撼，但只有全程跟着做下来，了解制作过程中不同阶段的要求，才能知道要做出完美的长寿面有多么不容易。我被这门古老的手艺深深地折服。

天时、地利、人和，一个也不能少

我一直很想知道天气对制作传统食物的影响。在农村，靠天吃饭不只是说说，而是绝对认真的。不像城里人仅从自己舒适与否的感受出发，抱怨下雨、抱怨冷热那样从个人角度考虑的简单。在农村，天气对生活有着巨大的影响，关系到有没有收成、能不能填饱肚子。这就是对本地风物的了解尤为重要，也是为什么农村饮食的制作方式很难复制和标准化的原因。当地人一辈子都在制作这些食物，制作的过程中会根据温度、湿度、光照、降雨等各种变量做出细致考量，并在制作时做出微调，这些对于没有经验的人来说很难察觉。就长寿面而言，影响制作最大的因素就是下雨。理想状态下，面条需要充分地晾晒。根据面团发酵的时间，当地人需要预测出可能下雨的日子，再确定何时开始制作面条。

做面条首先要和面，当水和面成了面团后，陈奶奶就需要运用她的秘了了，那是她一辈子做面的经验。对时间的把控是这些经验之一。奶奶知道何时再揉面，何时在夜里搓面，观察醒发的程度等等，当然这些又与天气和时令密不可分。可以说，做长寿面天时、地利、人和，一个也不能少。

揉过两次面后，陈奶奶将面团擀成薄薄的圆片，然后用小刀从外向内绕着划出一圈一圈的细条，再搓成指头粗细的一整根面，盘绕成圈放在桶里，静置醒发。随后，需要将面再次拉长、绕成圈。

接下来是拉面。奶奶拿出两根长筷子，将面条放在上面绕"8"字。这个方法真的很聪明。她将筷子横

着搭在大盒子的两边。接下来就要靠重力让面条持续缓慢地下垂，面条自身的重量使其粗细均匀，这就是面条粗细一致的关键。我之前见过的拉面，通常是厨师的伸拉技巧或者用机器制作，长寿面制作的方式真的与那些都不同。

这是一种工匠精神

眼看着30厘米的粗面条变成150厘米长的细面，根根分明，拉扯不断，真的是一件很奇妙的事情。陈奶奶将筷子放在面架顶部，然后向下倾斜地将面条拉至面架底部，再将面条绕在底部的长筷子上，用两根筷子就将每根面条分开了。

奶奶教我把长筷子插在面条之间，小心不要把面条粘在一起。刚开始做的时候，我的手不停地发抖。不过，当我学会之后，便得心应手起来，心想总算可以帮助奶奶了，不再是个碍手碍脚的人戳在那里了。可做了10多股面条后，我的注意力开始不那么集中了，就琢磨着走捷径了。陈奶奶和她的女儿每周都要做好多次面条，每次都是成千上万根面条。我钦佩她们的专注、平静和耐心，日复一日年复一年，以同样的标准反复去做同一件事情。这是一种工匠精神，是值得我学习的。

陈奶奶给了我莫大的理解，特别配合我们的拍摄。即便制作面条可谓是分秒必争，她也从没有让这影响我们的拍摄。我尽可能地尊重她们的时间，揣摩她女儿的语气，好知道现在是不是需要我收手做个观众，只是在旁边看就可以了。长寿面制作过程中的时间是不容耽误的，自始至终都需要全神贯注。在拍摄中奶奶始终冷静和专心，她说过，不能暂停太久，否则她的女儿将无法及时完成所有面条的制作。

浙江　金华 潘周家村

| 奶奶菜谱 | # 潘周家长寿面 (4人份)

材料 | 潘周家村手工面条 400克 | 大豆油 2勺
猪油 2勺 | 猪肉末 40克
小油菜 8棵 | 鸭蛋 2个
海盐 少许

 小插曲　　这碗面条好吃的诀窍就是食材。潘周家村的面条口味纯正，鸭蛋的使用也至关重要。鸭蛋那浓香的口感是鸡蛋没法代替的。陈奶奶制作的鸭蛋皮软弹金黄非常漂亮，鸭蛋要搅打充分，这样才能制作出色泽金黄、口感和味道一致的蛋皮。注意，蛋皮不要加热过头。尽可能去找有机的小油菜，也是保证口味的一部分。我很幸运，可以直接从菜地里摘，这些菜可是喝着山泉水长大的，特别爽脆、新鲜，满满的都是土地里种出的营养味道。猪肉末和猪油也来自当地农民自己养的猪，猪肉香是因为猪吃得就很有机。猪肉末用的是脂肪比较多的五花肉。炒的时候，把肥肉里的油逼出来，瘦肉浸在猪油里煎炒，有一股非常诱人的焦香。

　　我喜欢这碗简单的面条。看过面条制作的复杂过程，很开心面条仍然是这里的主角，没有辣椒、酱油或者大块的肉。蛋皮色彩亮丽，猪肉末丰富口感，油菜则平衡油腻，带来清爽和新鲜的口味。面条软糯丝滑，是我喜欢的细面，入口的感觉真的很棒。拌入一点点猪油，可以防止面条粘在一起，也使口感更加顺滑爽利。

做法

1. 在锅里用少许猪油炒香肉末,捞出待用。
2. 将鸭蛋磕入小碗中,撒少许盐,打散。
3. 将中等大小的平底煎锅加热,倒入少量大豆油。
4. 油热后,将蛋液倒入锅中。快速转锅使蛋液均匀地铺满锅底,做出薄而平整的蛋皮。
5. 当蛋液成形凝固时,将其对折后再对折,做成一个大蛋卷。
6. 离火,将蛋卷放在案板上。放凉后切成宽条蛋皮。
7. 把洗净的油菜切成小段。
8. 面条掰成约25厘米长。将面条放入大锅中,水刚刚没过面条即可。
9. 面条不时地用长筷子拨散。
10. 大约30秒后放入切好的小油菜,放盐调味。
11. 倒入猪油,搅拌,使猪油均匀地化开。
12. 将炒好的肉末放入盛面的碗中,浇上烧开的面汤,使肉末变热。
13. 3分钟之后面条和油菜就煮好了,倒入装有猪肉末的碗中。
14. 放上切条的蛋皮点缀。

法式潘周家鸭丝汤面

材料

鸭架 400克
鸭腿 2个
鸭蛋 4个
潘周家村面条 400克

胡萝卜 3根
小芹菜 10根
小葱 5根
橄榄油 25毫升

月桂叶 4片
意大利香料 2勺
黑胡椒碎 少许
海盐 少许

黑芝麻 少许
香菜碎 少许

小插曲 我的这碗面是融入从陈奶奶那里学到的长寿面的做法,想做出纯粹、清淡,却又层次丰富的感觉。我知道村里人特别喜欢吃鸭蛋,所以,我的这碗面也要用鸭蛋。只不过我选择做成溏心蛋,这是我的偏好,我喜欢汤面里那颗内心软软的蛋。我决定一不做二不休,将鸭子的主题进行到底,慢火炖两只鸭腿,最后用鸭汤来代替面汤。当然,我不想让太多复杂的味道抢了面条的风头。

 奶奶最懂得

做法

1. 在平底锅中用小火煎鸭腿,加盐,鸭皮的一面向下。煎10分钟可以看到油脂慢慢地析出。
2. 当油变多后,将火略微调大些,将鸭皮煎成金黄色。煎好后,将鸭腿放到一旁待用。
3. 把胡萝卜切成滚刀块;芹菜和小葱切小段。
4. 在大汤锅里倒入橄榄油,放入胡萝卜、芹菜、小葱一起翻炒。
5. 加入鸭架,继续翻炒几分钟。
6. 放入意大利香料、黑胡椒碎、盐和新鲜月桂叶。
7. 放入煎好的鸭腿。倒入开水没过所有食材,盖上锅盖,烧开后接着熬煮至少1小时。
8. 高汤熬好后,就可以正式开始做面了。
9. 小炖锅内煮鸭蛋,约6分钟。
10. 煮蛋的同时,将高汤中的鸭腿取出,将鸭腿肉用手或者两支叉子撕成丝。
11. 鸭蛋煮好后,从锅中取出。
12. 煮面,约2分钟。
13. 将煮好的面条盛入碗中,放入剥好的鸭蛋,铺上鸭丝,再倒上浓郁鸭汤。
14. 在鸭蛋上撒些黑芝麻,最后再撒上些小葱或香菜碎。

在家做这碗面非常简单。用鸭骨可以熬出更加浓郁的高汤。最好将鸭骨在180℃的烤箱中慢烤1小时,然后再熬汤,这样熬出的汤更浓。煎鸭腿这一步也非常重要,因为鸭腿很肥需要慢慢煎,这样可以逼出其中的油。

我想用这碗面,向陈奶奶和她做的面条致敬。

鸭丝汤面做好后,我端着去找奶奶,想让她尝尝。她在一条小巷里的雨棚下,和她的几个朋友玩牌。考虑到让奶奶在众目睽睽下吃面条,特别是在朋友面前她可能不习惯。于是,我们决定把奶奶叫到旁边吃我做的面条。她说很喜欢,我很开心!但其实,我并不是多么在意我的面条,而是更想回报奶奶,让她开心。

谢谢您,陈奶奶!

浙江　金华　潘周家村

努力让更多的人知道

吃过面条,奶奶坐在她朋友家门前的台阶上,和我们聊天谈心。奶奶说,她的为人处世就是要与人为善,人能有一颗善心是最重要的。她觉得相比而言,农村人更友善。我知道奶奶说的是什么意思。我心里知道并非城里人不热情,只是生活的节奏太快,社会压力促使人们不得不以自我为中心去考虑问题,人与人之间就显得比较冷漠。我想,作为城里人的我们要好好思考奶奶说的话。

在我们拍摄最后一幕结束时,我心中对善良、有爱心的陈奶奶充满敬佩,我暗向自己保证,要努力让更多的人知道奶奶和村子其他村民所做的了不起的事情。这是生活,也是艺术,需要我们珍惜和守护。作为城里人,我们可以做很多事情来确保这些手工制作的面条有未来。潘周家村的面条网上有售,我们可以通过网上订购来支持当地的经济。我由衷地希望奶奶和村民们的辛勤劳动得到回报。

在这与有关食物的旅途中,我不仅仅要发现美食,也是探索成为更好的自己的个人旅程。我发现,我们总是能从奶奶们身上学到很多,他们有丰富的人生经验,是我们情感知识的重要来源,也是整个社会传统和道德的基石。从陈奶奶身上,我看到了她对家庭和子孙后代的奉献,努力工作、牺牲自我的同时与时俱进,甚至能在网店上销售面条,激励后代不断进步。我想有了孩子后,我也可能会更多考虑这些问题。家庭的扩大会给自己一个利他的目标,努力为自己的孩子和其他的孩子们创造一个更好的环境,最终改变家庭和社会。

是陈奶奶让我坚定了为家人努力工作的信念。

长寿是这个村子的名片

潘家周村是一座古老沉稳的村庄。村子里随处可见90多岁的老人，长寿是这个村子的名片，老人是这里的形象代言人，老人们在村里起着举足轻重的作用。究其长寿的原因不难发现，他们吃得好、喝得好。吃的是自家地里种的有机蔬菜，面条也是亲手做的，喝的是清澈、无污染的山泉水。他们长寿的另一个秘诀恐怕就是做面条。尽管辛苦，可也锻炼了他们的脑力，让大脑保持清晰，同时，面条的销售带来不错的收入，在这个过程中不仅改善了生活，还能找到家乡的自豪感。

村子对老年人的关怀和照顾让我印象深刻。村子周边有一条河，在通往村子的路口，有棵大树遮阴蔽日，那里专门为老人们活动而建造的平台，放着一张桌子，几把椅子，还有一小块锻炼身体的区域。拍摄的这些天，我总能看到一大群老人聚在那里聊天、玩牌。每天早上，老人们都神采奕奕，悠闲地晒太阳。每每看到老人家们惬意地休闲聊天，我就由衷地希望英国和世界其他国家也能有更多类似的能让老年人感到安心踏实的社交场地。

浦江 郑宅镇

西餐里没有豆腐皮

郑宅镇位于浦江县东部,距潘周家村东南方向32公里。在镇上,位于老城区的中心,有一座古老的庭院,传统豆腐皮的制作技艺在此延续。

这里一直保留着1200年前的豆腐皮味道。但这不仅是一千多年的历史那么简单,它是浦江人的家常小菜,更是家家户户贺喜的佳礼。从浸泡黄豆、打浆到最后出成品豆腐皮,要经过10道工序。一张豆腐皮捞出后,等待第二张豆腐皮成形,一般需要20分钟,是为了保证其厚度和质量。50千克黄豆只能制作20千克左右豆腐皮。

我们前往浦江县,就是为了寻访一道当地有名的家常小菜:豆腐皮。为剧集做食材调研时,豆腐皮一直是我特别期待了解的。因为,大部分的食材成分都一目了然,看一眼大概就能猜出其制作工艺。然而,作为一个门外汉,豆腐皮的制作工艺可真让人琢磨不透。因为,西餐里没有豆腐皮,就算在中餐菜单上也通常被人忽视。

我找到她了!

　　困扰西方人的问题,什么是豆腐皮?豆腐有外皮吗?豆腐皮的制作工艺究竟是什么呢?幸运的是,从小在香港长大的我经常会在菜品中见到豆腐皮,它的味道也很合我的口味。例如,山竹牛肉球这道菜,其中豆腐皮吸收了牛肉丸的嫩滑多汁;支竹鱼腩煲这道菜,豆腐皮再次作为重量级配角,轻而易举地辅佐了主材的风味。我特别喜欢豆腐皮浸在酱汁中变软的质地,一直把它当作食材中的无名英雄。所以平心而论,我跟豆腐皮也算有着多年的交情了。但话又说回来,我从来没关心过豆腐皮的制作工艺。只是我猜,豆腐皮是制作豆腐时产生的副产品。越好奇就越期待,这次我故意不提前做功课,就是想带着满肚子的疑问去郑宅镇探个究竟。

　　一到郑宅镇,我们便直奔市场,这里是我们将要拍摄的第一个镜头。市场距离民宿大概10分钟车程。我注意到郑宅镇看起来十分静谧,建筑整齐地排列着,充满了生活的气息。不一会儿,我们就到了市场。到处都是来买菜的当地居民,熙熙攘攘。我朝市场对面一瞥,豆腐皮随即映入眼帘。路旁坐着一位老人,面前就摆着刚出锅的豆腐皮。哈,我离目标又近了一步,甭提当时我有多高兴了。想要了解一个地方,我通常首先会选择去逛当地的市场,看看那里都卖些什么,这也是我最喜欢去的地

方。去看看哪些配料是大众情人，哪些配料是小众特色。环顾四周，满眼都是新鲜的蔬菜和肉类，摊主和街坊邻里寒暄着，有说有笑。平凡朴实的柴米油盐，才是生活最美的样子。我开始四处打探，寻找这里卖得最好的豆腐皮。结果，大家一齐指向张奶奶的摊位。

　　张奶奶是当地小有名气的豆腐皮手艺人。突然间我有一种感觉，与张奶奶的相遇以及后来向她讨教，这一切都像是命中注定一般。之前做调研时，我们一直在寻找浙江一带制作豆腐皮的手艺人。当时有一张照片是一位衣着独特的老奶奶，扎着两条长长的麻花辫，她的面容给人留下了深刻的印象。这张照片是在一间挂满豆腐皮的房间里拍摄的，完美的光线突出了照片无可比拟的质感。而我，也被这张照片深深地吸引，心里一直惦记着照片中的老奶奶。当丽媛在浙江做调研时，非常偶然地遇到了照片中的这位老人。紧接着，我们就收到了一个非常激动人心的消息："我找到她了！""真是不敢相信！我找到了提案图片里的那位奶奶了！"听到这个消息，我们都高兴得手舞足蹈。这不，马上就要见到真人了，大家期待已久的时刻即将到来。一张照片可以传达一个人的许多信息，但是无法表现出性格这种复杂的东西。因此，尽管我们一遍又一遍地看过张奶奶的照片，在脑海里无数次刻画过张奶奶的性格，就像我们已经见过面一样。但事实上，我对张奶奶一点都不了解。

浙江　浦江 郑宅镇

MRS. ZHANG

张奶奶

张凤仙 70 岁

—

性格：热情、善良。
拿手菜：豆腐泡

- 经历 -

小学毕业文化程度的张奶奶，曾经在村里连任 30 年的村妇女主任。制作豆皮已有 47 年经验。子女也都会做豆腐皮，一家人的生计都是靠捞豆腐皮。捞豆腐皮虽然是累活，但是相对来说收入较好。张奶奶至今仍在靠自己手艺吃饭，一是舍不得手艺失传，二是已经习惯了依靠自己的能力生活，不愿停下来。

张奶奶生育两儿两女，现在都在镇上生活，儿孙五男三女。奶奶家旁边的老屋住着 97 岁的婆婆，婆婆精神很好，奶奶每天都会去村里的食堂给婆婆打饭。

张奶奶的丈夫敦厚，稍内向，两个人基本形影不离，丈夫总是在旁边帮助妻子制作豆腐皮，打下手，也喜欢喝自家酿的果酒。

这个流程已经延续千年

我们来到张奶奶的摊位前,她微笑着向我们做自我介绍。她的口齿很清晰,笑容很平和,说话有条有理,给人的感觉特别舒服。我能猜出她以前接受过采访,而且感觉张奶奶对拍摄有所了解,知道拍摄是一项苦差事。我向她介绍了我们的拍摄意图,告诉她拍摄会灵活随机,尽量不打扰她的正常作息。

制作豆腐皮是张奶奶生活的全部,她既自豪又谦逊。关于豆腐皮的制作工艺,我们聊了许多,一切都是奶奶亲力亲为,这的确是一件非常辛苦的工作,但我已经迫不及待地想要学习制作豆腐皮了。奶奶说,今天就开始做豆腐皮,晚上六点钟准时开始。紧凑的拍摄计划、不多见的食材选择,这一切听起来都那么令人兴奋,我们将在夜色降临时见证一个古老手艺的传奇。

豆腐皮这种食材的制作过程是无法人为干预的,不论我们是否在场、设备是否到位,都要按既定的时间安排。而大多数拍摄过程中,我们是可以控制节奏的,让各方面都为拍摄服务。比方说,为了让场景更美观,我们可能会搬到室外去拍摄;有时为了赶进度,我们会准备好半成品用于拍摄。可对于豆腐皮来说,没法讨价还价,它要求我们必须给予充分配合,这一点,我倒是挺赞同、欣赏的。说六点到,就得六点到。拍摄将在张奶奶的家中进行,按照每个步骤的流程真实地进行拍摄。要知道,这个流程已经延续千年了。

浙江 浦江 郑宅镇

揭开豆腐皮传统手艺的面纱

到张奶奶家时,天已经黑了。她的房子很漂亮,对于拍摄来说简直是完美。让我印象深刻的是豆腐坊的传统木质结构,它与院子里那些比较现代的房屋形成鲜明的对比。站在豆腐坊里,就好像回到了过去。看得出,这是一个历史悠久的老作坊。

院子里唯一的光线从豆腐坊中射出,温暖的光线像是有一股牵引力。我偷偷地看了看屋内,屋子中央摆着16个空的银制圆盘,每排8个,一共两排。除此之外,没有什么其他特别的了,看起来就像一个工厂的车间。此时,车间里所有的工人都去吃午饭了,整个屋子像被按了暂停键一般,盼望着下一批新料的到来,忙活个热火朝天。

奶奶在一边忙着准备工具,摄制组就在院子里摆放灯箱,做开机前的准备。吃了这么多年豆腐皮的我,一直都不知道它的来源,经过这几个月焦急等待,今天,我终于能揭开豆腐皮传统手艺的面纱了。

做豆腐皮是我们的生计

第一步,简单易懂。将40千克泡发黄豆倒进盛有浦江山泉水的大桶里。张奶奶先用一根长长的木杆搅动豆子,然后用一个大筛子,将浮起来的黄豆壳舀出来。这时,我不禁回忆起自己在北京开"鹰嘴豆泥餐车"的经历。每天,我都在家制作大量的鹰嘴豆泥。为了让它更好吃,我需要将鹰嘴豆去壳,这一点非常重要。所以,我经常坐在厨房里给每一颗鹰嘴豆去壳,其大小看起来跟黄豆壳一样。如果时间充裕,干这活儿还算挺解压的。可一旦时间紧张,就会成为最让人恼火的工作了!张奶奶去豆壳的方法非常有效率,通过在水中剧烈地搅拌,将豆子与外壳分离,外壳便自己漂起来,直接舀去即可。奶奶说,这一步要花上一个半小时的时间。这么长时间?我吓了一跳。每天都要坐在这里,花一个半小时的时间重复同样的工作,真的是需要极大的耐心和付出。

一起坐在那里去豆壳时,我跟奶奶攀谈起来。张奶奶是比较含蓄的人,不太习惯表露情感。可我却满腔热血地准备了超级多的问题,奶奶可能有点招架不住。不过,张奶奶还是满足了我的好奇心,一一解答了我的问题。她说,制作豆腐皮是一个极度艰辛的过程,需要通宵熬夜。她和丈夫要花整整两天时间做豆腐皮,第三天才拿去市场出售。这真是令人难以置信。而且,制作过程需要不间断的专注力。张奶奶和她的丈夫每晚只能睡4个小时。就睡4个小时!这太让我惊讶了。要是换作我,睡不够7个小时,我整个人就像蔫了一样。奶奶回答说,没办法啊,我们是农民,做豆腐皮是我们的生计。奶奶这47年来,每晚只睡4个小时。就是这样夜以继日的操劳,让奶奶有了一颗钢铁般坚忍的心!张奶奶和她的丈夫就是一个强大的团队,不论是刮风还是下雨,酷暑还是寒冬,他俩一年四季都在深夜里默默地劳作,传承着这道美味的独特工艺。可以说,他俩生活的全部就是做豆腐皮。

豆腐皮是他们生活的动力

我们还在给黄豆去壳。张奶奶趁爷爷去休息的空隙,聊起了他俩的故事。他们结婚47年了,爷爷出生在豆腐皮世家,祖祖辈辈都是豆腐皮手艺人。张奶奶的婆婆就坐在外面的院子里,是一位爱笑的小老太太,今年已经97岁高寿了,牙齿都"光荣下岗"了。我们朝她微笑,打了打招呼,她用方言回了几句。看着4个高大的外国人在家里采访她的儿媳妇,也不知道老婆婆是怎样的心情。我们很荣幸能遇到这样年长的老人,即便我们与老人的生活只有几秒钟的交织。可就是这几秒钟,会让人觉得世界真是渺小。我们出生在如此不同的年代,命运的牵引却让我们在此时相遇。她咧嘴一笑,整个摄制组也都笑了。老婆婆跟她三岁的曾孙女感情也特别好。曾孙女站在她旁边(大约和坐着的张奶奶一样高),远远地看着我们拨黄豆壳。

有时,我的问题带着明显的中西方文化差异。我问她周末休息么?她回答:没有周末;我问她和丈夫是怎么认识的,是不是一见钟情?她回答说:是包办婚姻;我问她有没有想睡懒觉的时候?她回答:从来没有,因为这是她的饭碗。这不禁让我想到城市人的特权。在繁华都市里长大的我,竟然形成了如此固化的思维方式。这就是为什么我喜欢在农村生活,因为它会让你反省自己,反思自己的情感,以及自己的思考方式。尽管我们有着巨大的文化差异,可是我们却一直有说有笑地交流着。

张奶奶教了我一个新词,叫作"夫唱妇随"。在农村,婚姻生活就是如此。作为一名支持女权主义者,虽然听这个词不太舒服,但是,今天我的角色不是去评论,而是去理解这对夫妇的生活方式。他们两人之间有着深厚的感情,我也很赞同她对婚姻的理解。张奶奶说,他俩都不用说话,就能猜出对方心里想的是什么;两个人一对眼,就知道下一步该做什么了。真是一对甜蜜的夫妻,他俩每天肩并肩努力工作,而豆腐皮就是他们生活的动力,是维系他俩感情长久的纽带。

浙江　浦江 郑宅镇

豆腐皮午夜舞曲

黄豆去壳后，张奶奶和爷爷会休息4个小时。他们设定凌晨12点的闹铃，醒来后进行下一个步骤：打浆。

差一刻钟12点，已是夜深人静了，这对夫妇却忙碌起来。看着他俩彼唱此和地打着穿插，就像一首流动的诗歌，不需要言语，如同一场精湛的双人芭蕾舞，暂且就叫它"豆腐皮午夜舞曲"吧。爷爷依次将大包大包的去壳黄豆倒进粉碎机，当地山泉水通过管道流入机器，机器便开始工作，将豆子与水混合，搅打成非常浓厚的豆浆。这个过程需要1个小时。其间，爷爷需要不停地往机器里加豆子，直到所有的豆子都变成浓稠的豆浆。与此同时，张奶奶一直忙着准备其他工具。她生起柴火，加热巨大的圆桶。豆子都打成浆后，他俩就把豆浆转移到圆桶中。豆浆与泉水慢慢加热时，他俩一直看着火。

加热50分钟后，现在轮到那16个圆形托盘上场了，这些直径1米的托盘一直在后面焦急地等待着。托盘的下面装了水，用柴火继续加热。直到凌晨两点半，是时候过滤豆浆了。爷爷用纱布过滤豆浆，张奶奶则在一旁接着过滤出的豆浆，按顺时针方向倒入加热过的托盘里。凌晨3点，16个托盘都装满了过滤后的豆浆，慢火加热着。渐渐地，豆浆表面形成一层薄薄的膜，看起来就像变魔术一样。从张奶奶在第一个托盘装满豆浆的那一刻起，每隔20分钟就出一层膜，奶奶需要不间断地揭去薄膜，这个过程周而复始。张奶奶按照顺时针的方向，从第1个托盘揭到第16个托盘，大约需要20分钟的时间，然后又回到第1个托盘，去揭第二层膜。整个流程从凌晨3点一直持续到当天下午5点，直到所有的豆浆都变成一屋子完美的豆腐皮。此时，夫妇俩才能交替休息两个半小时。真是不可思议！这真的需要两个人默契地配合——我由衷赞叹。

浙江　浦江　郑宅镇

奶奶菜谱 | # 豆腐泡

材料

| 豆腐皮 4张 | 五花肉馅 400克 | 小葱末 3根 | 酱油 少许 |
| 大豆油 适量 | 豆腐 200克 | 盐 少许 | |

　　张奶奶做得豆腐泡真的是我们此行中最美味的小吃之一了。制作豆腐皮的过程虽然艰辛、耗时，但烹饪这道小吃却相对容易得多。这道菜做起来很有趣，也很简单。酥脆爽口的豆腐皮与猪肉豆腐馅完美结合，深得孩子们的喜爱。我尝了一口，味道特别赞。豆腐泡比春卷好吃，一口一个，吃起来有点让你想到是巨好吃、又健康版的麦当劳炸鸡块。奶奶的儿子跟我说，镇上的孩子们都喜欢蘸着番茄酱吃，想想就知道该有多美味！这道小吃作为春节的特色菜品，能凝聚一个家庭的亲情。张奶奶说，一到节日，她就会做很多豆腐泡，一上桌就被抢光了，需要不停地炸下一盘。

　　在我看来，制作这道美味无比的油炸豆腐泡也有几个窍门。首先，也是最重要的，就是自家做出的豆腐皮有着一股浓郁的黄豆香。其次，张奶奶调的猪肉馅肥瘦适中，炸出的豆腐泡才会鲜美多汁。第三，她在肉馅中加入了松软的豆腐，这一招真是妙。豆腐吸收了猪肉的鲜味，入口丝滑细腻。豆腐与猪肉馅的搭配简直是一绝，这样炸出的豆腐泡松软多汁，不会发干。最后一点，肉馅需要调味。

做法

1. 在大碗中加入猪肉馅、豆腐和葱末,混合均匀,适当加入盐和酱油调味。
2. 将豆腐皮稍微泡水,让其变软。
3. 取肉馅做成细长条状,摊放在豆腐皮上。
4. 滚动两圈卷成一个香肠状的长条。
5. 切成小段。
6. 在大锅里倒入大豆油热锅。测试油的温度是否合适,取一小块豆腐皮放进锅里,如果发出嘶嘶声并慢慢变色,就说明油已经热好了。
7. 放大约20块豆腐卷进锅,煎至焦黄色。
8. 用漏勺取出,沥干多余的油。
9. 用厨房用纸去除油分。
10. 装盘上桌。

　　要想尝试做这道小吃,我建议挑选优质的豆腐皮,最好是产自浦江县。肉馅调味的好方法就是先取一小块肉馅,放锅里煎熟,然后尝尝咸淡。这时候应该让肉馅比正常稍微咸一点,这样包进豆腐皮过油后,它的味道就能正合适了。这种小吃一定要趁热品尝。我敢保证几分钟就会被抢光的!

　　我们将做好的豆腐泡分给大家,摄制组以及在院子里观看拍摄的邻居们都赞不绝口。能向张奶奶学习豆腐皮的制作工艺,我真是感到无比快乐,我发自内心感谢她邀请我们来。如果你有机会去郑宅镇,一定要去张奶奶的摊子前,替我向她打个招呼!

大米菜谱 巧克力花生酱豆腐泡 4人份

材料

热巧克力粉 5勺　　熟花生 200克　　糖粉 50克
豆浆 1升　　　　　黑巧克力 200克

 　这道菜算是一个充满乐趣的实验。其实,我当时真的不知道结果会是如何。平常出行,我总是随身带着热巧克力粉。这次,我决定带着去张奶奶的豆腐坊。从理论上讲,我的创意是合乎逻辑的。豆腐皮是由豆浆加热制成的,而热巧克力是由巧克力粉溶于热牛奶中制成的。所以,当你加热热巧克力粉时,表面会形成一层牛奶皮。而在现实中,制作巧克力豆腐皮还是遇到了一些困难。有的巧克力粉结块,这样在取膜的时候,由于颗粒的重量大,膜会有破洞。另一个问题,也是我事后才考虑到的,就是巧克力的味道非常淡,没有达到我想要的浓郁口感。所以,如果你在家里做这道菜时,我建议可以试着加入不同分量的热巧克力粉做巧克力豆腐皮,或者可以直接用做好的普通豆腐皮然后涂抹一层糖粉,把它变成一份甜品。

　　我只有几张完好无损的巧克力豆腐皮,需要将它们运到民宿的院子里。这时,巧克力豆腐皮还没有完全风干,所以在运输过程中要格外小心,免得丢了品相。我小心地捧着那5张仅剩的完整豆腐皮,感觉像在用我的生命守护一般!我捧着豆腐

做法

1. 在中号锅中用小火热一下豆浆。
2. 在一个小碗中用两勺热豆浆把热巧克力粉融化。
3. 将化好的热巧克力粉倒进热豆浆中。
4. 待巧克力豆浆的表面出现一层薄薄的膜。用有弹性的杆子将膜揭去,小心别弄破。
5. 悬挂晾干。不断重复这个过程,将剩下的巧克力豆浆全部做成薄膜。
6. 在杵臼中倒入花生捣碎,用时约10分钟,制作成花生酱。
7. 将黑巧克力切碎。
8. 在一块大约10厘米长、5厘米宽的巧克力豆腐皮中间抹上适量的花生酱,然后用黑巧克力碎盖住。
9. 将巧克力豆腐皮卷起来,就像卷春卷一样,先把两头折向中间,然后卷成一个圆柱状春卷的样式,这就是豆腐泡了。
10. 插上一根牙签,固定形状。
11. 煎锅里倒入油,放入巧克力豆腐泡炸至金黄色、花生馅完全融化,最后撒糖粉即可。

皮坐在副驾驶座位,瑞恩开着车以每小时约五英里的时速缓慢前行,每次遇到石子或者转弯时,心里都战战兢兢,生怕破了洞。最后,我们成功地转移了4张完整的巧克力豆腐皮。

我小心翼翼地把它们搭在两张桌子之间。我选择自制花生酱,这样花生的味道会更浓郁,制作步骤也相当简单。当然,若想节省时间和精力,可以去商店买花生酱。如果是这样,我推荐购买无糖松脆颗粒花生酱,因为它的花生味更纯正。你也可以在花生酱里加点盐,这样可以将黑巧克力中的甜味带出来。

当我在炸豆腐皮卷时,遇到了些麻烦。在锅里煎的时候,许多馅露了出来,我不得不用牙签将豆腐皮卷固定住。因此,在家制作时,可以参考张奶奶的技巧,将豆腐皮的一半抹上花生酱,撒上黑巧克力碎,像张奶奶那样把它卷成一条长长的香肠形状,然后切成小块,最后高温油炸。

这道菜的创意更多的是寻找烹饪的乐趣。有时实验会出错,但这也是过程中的一部分。经过努力尝试,在一定意义上也算成功,而且我很高兴能够在这本书中推荐给大家更好的烹饪方法!

我们被眼前这一幕惊呆了

油炸巧克力味甜品出锅后,我将他们装盘,撒上糖粉,味道真是棒极了。但是,在给奶奶家送去之前,我还有最后一个步骤——得把牙签取下来呀!我花了好长时间才把所有的小牙签取出来,自己还检查了好几遍。我终于准备好了,这时已经是傍晚,太阳都下山了。丽媛问张奶奶能否邀请家里人一起吃晚饭。因为在之前的拍摄中,通常只有一两个家庭成员到场。然而这次,当我们停下车,端着装满甜点的盘子走进院子时,我们被眼前的这一幕惊呆了。

院子里至少聚集了40个人,包括张奶奶的所有孩子和孙子们,一大家子人都在等着我们一起共进晚餐。院子里的灯光也被装饰得漂漂亮亮,我真的是既惊喜又感动。摄影机记录下了我走进院子的整个过程。大家邀请我坐在张奶奶和她儿子中间,桌上还有爷爷,在我来之前他已经喝了几杯;张奶奶的婆婆和92岁的伯母,以及张奶奶的小弟弟和妻子,还有张奶奶最小的儿子。

桌子上摆满了美食,包括几道用豆腐皮烹饪的菜品和那天下午我们一起做的豆腐泡。这晚,我见到了大家庭的所有成员和孩子们,他们有人以前看过我的节目,很热情地想和我练习英语口语。我跟爷爷一起喝了几杯。能和大家在这里畅谈,真是惬意。美食的力量实在是太神奇了。看着每个人都很开心地享用着美食,我发现自己不再是众人的焦点,他们好像已经忘了摄影机的存

在。我也玩得不亦乐乎,差点都忘了我做的甜点!

我给大家分甜点的时候,警告大家可能随时会吃到牙签!一想到97岁的老婆婆第一次吃西方人做的食物,并且有可能被牙签扎到,我就不由自主地屏住呼吸。幸运的是,大家都爱吃这道甜点。92岁的伯母告诉我说,这是她第一次吃巧克力。为此,我感到特别自豪。最后终于轮到我自己拿了一块,刚尝了一口,你能相信吗?盘子里有20多块甜点,唯独我拿到的这块带着一根牙签,真的是被我拿到了!我一边咳一边笑。真是太惊险了!

他们是生活的英雄

拍到这里,我们的第二集即将进入尾声。在浙江,我们成功地拍摄了两道制作工艺极其复杂的美食——陈奶奶的潘周家村面条和张奶奶的郑宅镇自制豆腐皮。特别感激的是,我在这里学到了太多的东西。当张奶奶和孙子孙女一起玩耍、吃饭的时候,她会将点点智慧传授给他们,这时的张奶奶是我见过的最放松的状态。这真是一个既有爱又努力的家庭,我期待着将来有一天能再次与他们相聚。

两位奶奶有着许多共同之处,她们有着相似的经历。同样作为手艺人,她们付出艰辛和汗水来照料生活。她们整日的忙碌,只为亲手制作如此平凡的食物。我非常享受整个学习过程,同时,我也对她们在过去40多年的劳作致以最崇高的敬意。花几天的时间学习是一回事,但是看着她们夜以继日地不断重复做同一件事,牺牲了休息的时间,这让我不觉萌生一种愧疚感。太多时候,我把生活中的某些事物想成理所当然。张奶奶对我说过的一句话,让我一直难以忘怀:"没办法,我们是农民,做豆腐皮就是我们的生计。"这就是他们的心态,自我牺牲,不断努力付出。我们所能做的就是为她们祝福,给她们一个可以展示自我的平台,帮助她们销售自己辛勤劳作的成果。她们是生活的英雄。陈奶奶,张奶奶,我向你们致敬。

浙江 浦江 郑宅镇

四川
SICHUAN

丹巴 中路乡

静谧而淳朴的隐世之美

"中路"在藏语里意为"人和神向往的地方"。中路藏寨位于成都以西450公里的丹巴县，处于小金河沿岸，海拔2100米。在这浩浩长空之下，滚滚卷云之中，嘉绒藏区著名的墨尔多神山依稀可见。

中路藏寨有着五千多年的历史。经考古调查，在这里发现了新石器时代的文化古迹遗址和战国时代的石棺墓葬等。据说，中路人的祖先从西藏向外迁徙时，求神指点，代表神旨意的喇嘛给迁徙者一只羊，说："你带着羊走，羊死在哪里，哪里便是你的新家。"迁徙者带着这只羊走到中路这地方，羊死了，迁徙者就在此地定居下来。

中路藏寨有88座碉楼和600多座传统藏式民居。美丽的羌碉是羌族人在700~1200年前建造的，多位于山坡上的村舍旁，远眺大渡河。碉楼的高度在20米~60米，用以祭祀、御敌以及储存贵重物品。

比起它的明星邻居甲居乡和梭坡乡，中路乡仍然保留着静谧而淳朴的隐世之美，几乎没有受到现代旅游业的任何影响。

感受自然的美景与生命的律动

  我喜欢中国西部。这里独特的氛围让我感到非常惬意。新鲜的空气、起伏的群山、热情的居民,乡村里的一切都如此与众不同。从成都出发向西行驶,穿过连绵不绝的山脉,一路上的景色算是我在中国见过的最美丽的自然风光了。一到目的地,我就立刻感受到了这里温度的差异。我们刚刚离开温暖又潮湿的中国东部海岸,一头扎进了极度寒冷的地区。我们离开成都时,雪就开始下起来。白雪皑皑的群山更增添了一份美感。6个月前,我刚在甘南扎尕那拍摄了我的另外一部多集纪录片《面面大观》。所以对于我来说,这是一次愉快的西部回归之旅。

  我非常喜欢中国西部的一点就是,藏传佛教能如此深深地融入当地文化。这里能让人非常真实地感受到藏区独特的气质,所有的建筑、风马旗和寺庙都在不断地提醒着人们要尊重当地的文化。我虽然没有信仰,但在世界各地探访信仰圣地时,我都能真实地感受到一股特别的能量。我想,这可能就是当地居民的信仰对我所产生的影响吧。看着人们的信仰与自然交融贯通,尤其是当地人每天的朝拜仪式,我不禁赞叹大自然所带来的神奇魅力。他们的生活方式与我有着天壤之别,而这一切都在潜移

默化地提醒着我要拥抱他人的信仰,并尝试理解不同的生活方式。当我们驱车穿过群山时,我感觉自己与这个地区建立了一种很强烈的联系,这里叹为观止的景色也摄人魂魄。我喜欢乡村的原因还有就是,人在这里不再受城市的纷扰,不再受各种品牌、营销、商业、社交媒体、上下班高峰和交通堵塞的影响,能全身心地去感受自然的美景与生命的律动。

我总是推荐大家去中国西部探险。新疆、四川、甘肃和云南西部,这些都是我非常喜欢去的地方。如果选择冬季出行,更是别有一番风味。冬天天气极其寒冷,也正因如此,在冬季你不会赶上大量的游客。我们有好几次都在野外生火,大家围着火堆蜷缩着取暖。这时,抬头仰望夜空,繁星密布,即便身处冰天雪地之中,内心却充满了浓浓的暖意。中路乡就是这样一个宁静而又祥和的村庄,依偎在群山之间。如果你想远离城市的喧嚣,那么中路乡便是那个完美的终点。

来到中路乡,我会推荐这次我们住的一间小型民宿,名叫"云上藏家"。民宿的主人非常热情好客,每天都给我们做当地特色饮食,让人能真正体验当地人的生活气息;或者你可以住在阿冲奶奶的孙女即将开业的民宿里。

MRS. A CHONG

阿冲奶奶

呷哥阿冲 71 岁 藏族

性格：非常活泼开朗，
还很幽默。
拿手菜：Yawo（布谷肉）、
中路乡血肠

- 经历 -

  阿冲奶奶经历过很多生活变故，唯一没有改变的是奶奶活泼、开朗的性格和心态，以及一颗虔诚向善的心。
  奶奶是那种你第一眼的感觉就是：好慈祥的老人啊！勤劳的奶奶不但能干而且非常固执。在自己60岁的时候固执地拉着姐姐去拉萨，固执着一定要转遍自己能抵达的大小寺庙才回家，历时7个月。
  奶奶也会组织每月一次的诵经活动，跟村里的其他奶奶一起找些事情做，一起唱诵经文互相支持。
  她自己的老母亲今年93岁了，十分健康，行动能力依然很好。两人活动范围和生活节奏基本同步，看到奶奶，你就知道她的老母亲一定就在不远的地方坐着。奶奶最喜欢的活动就是一早和妈妈一起去佛塔转经，虔心念经。两个人不说话的时候是各自拿着自己的念珠，从1默念经文到108颗珠子，周而复始。
  阿冲奶奶家除了老母亲外，儿子44岁，儿媳38岁，还有两个孙女分别22岁、20岁。

带着崇敬之心静静观摩

阿冲奶奶有着很重的口音。她说话的语调很奇特，会发出一些出人意料的声音。奶奶的音调虽高，还有一点刺耳，但她常常会用一些语气词，听起来像是"哦窝"和"哦耶"。奶奶特有的说话方式却充分显示了她活泼又开朗的性格。说起来也真是有趣，一个人的说话方式会影响人们对这个人的看法。阿冲奶奶的普通话不大好，但特别爱笑，她的面容祥和又温暖，能看得出奶奶是特别体贴、有爱的人。我们一起从她家里出发，朝山上的转经筒走去。我注意到奶奶走路时有点跛脚，需要拄着拐杖，她比同龄人略显年长，我不得不跟在后面慢半拍才能保持与她匀速前行。阿冲奶奶不是一个大大咧咧的人，性格非常友好，但她不会轻易吐露自己的情感。也许，是因为在寒冷山区生活了一辈子。在去往转经筒的路上，我有机会和阿冲奶奶单独交流。她向我诉说自己在中路乡的家庭和生活。

有一件事我没有做好心理准备，那就是奶奶诵经。奶奶每天都拿着念珠诵经祈祷。一开始我不大适应这个过程。甚至以为奶奶是在跟我说话。有时候我想问她问题，可是又怕妨碍奶奶诵经，这让我有点不知所措。但我很快意识到这完全不碍事，因为她的儿子和孙女也会在她诵经的时候跟她说话。

因为腿脚不大方便，大家便一起上了车，继续驱车向上前往转经筒。这个转经筒是奶奶年轻时每天都会去的。奶奶解释说，因为现在膝盖不好，她通常会去一个离得比较近的转经筒，但她非常高兴能去她年轻时经常来的转经筒看一看。我们站在山顶，回望中路乡，壮丽的美景映入眼帘。

阿冲奶奶耐心地向我展示如何点蜡烛，如何围着转经筒走，边走边诵经。信仰圣地给一个人所带来的影响力真的是令人惊讶。整个摄制组说话都轻声细语的，生怕破坏了这空气中难以表述的气场。

四川 丹巴 中路乡

奶奶开始在转经筒周围转圈，这是一个需要带着崇敬之心静静观摩的时刻。我在心里想，这简直太神奇了，这样一位连走路都有些困难的七旬老人，因着对信仰的追求，她每天都会花两个小时的时间一边踱步一边祈祷。奶奶从不抱怨，她的一生是为信仰而活，为了照顾家庭而活。这种牺牲自我的精神真是令人佩服。

我整个人都蒙了

在中路乡的第二个早晨，我们需要拍摄一场重要的宰杀仪式。每年冬天的时候，奶奶家里都要杀一头自家养的猪。对于特别痴迷于研究各地风俗的我来说，参加当地人的活动仪式则是最简单的学习方式。

通过与屠夫交流，我对当地人的宗教观点有了更清晰的认识。在佛教中，动物被认为是有意识的，动物也有痛感。因此，这里的许多佛教徒不杀生，但他们也不是完全意义上的素食主义者。屠夫说，在山区生活的藏传佛教徒以吃肉为生，因为身体需要能量和蛋白质来抵抗严寒；如果在这里不吃肉，就只能靠酥油、酸奶和糌粑生存。然而，那些食肉的藏传佛教徒也明白他们的行为触犯了戒律。于是，他们弥补过犯的方式就是保证宰杀动物的数量刚好够生存所需。佛教徒相信动物需善待，在宰杀时要带着敬畏的心，点亮烛光来纪念动物逝去的生命。奶奶后来向我解释说，在这个地区有一个专门的屠夫，他的工作就是在特定的日子去走访每一个村庄，帮助当地人宰杀并准备肉食。这样就能减少宰杀动物的人数了。

作为一个外乡人，我在一旁静静地注视着屠夫做着准备工作。我承认，这一幕让我的肠胃有种翻江倒海的感觉。以前我也曾目睹过宰杀动物的过程，也看过杀猪，但不论我有过多少次的经历，不管这过程有多么的神圣，我都觉得宰杀一个鲜活的生命是一件令人非常不舒服的事情。

仪式在清晨举行，亲眼目睹这个过程，再加上两千多米的海拔高度，我整个人都蒙了，有点头晕目眩。总之，这种经历让我感到十分不安。猪的尖叫声一直在我耳边回荡，久久不能平息。

我顿了顿，竭尽所能想保持头脑清醒。同时，我又很同情这位屠夫，因为职业的缘故要经常做这种血腥的工作。我估计他最不希望看到的就是我这个西方人对他指指点点吧。我远远地望着屠夫和他的助手们麻利地工作着，效率很高。他们把自行车打气筒插到猪后腿上，给猪充气。然后将猪皮浸入60℃的水中，这样更容易去毛。接下来，他们去毛，除去内脏。这一切完成之后，就挂起整只猪，再分割成不同的肉块。从屠宰到切割肉块花费了三个半小时，而屠宰的位置就在距离我的床不到100米的地方。说实话，看完整个屠宰过程，我有点受惊吓，但我也明白这就是生活。

这是地地道道的中路菜

开始学习阿冲奶奶的食谱让我感到异常兴奋。我有一种预感，向阿冲奶奶取经将会是一次特别有趣的经历。

我将学习两道经典的中路乡特色菜品——Yawo和血肠。它们分别选取猪肉的两个不同部位进行烹饪。选定Yawo这道菜真是一波三折。去年11月，丽媛在乡里踩点时就听说这里有一道专为特殊场合烹饪的菜

肴，还是地地道道的中路菜，在普通话里都没有名字。我一听就来了劲儿，想在节目中烹饪这道菜。但是我们遇到了一个小问题，这道菜通常需要悬挂3个月的时间来发展风味。我先卖个关子，这道菜的线索就在于它的绰号——布谷肉，意思是当你在春天听到布谷鸟回迁的叫声时，就应该吃Yawo这道菜了。

现在问题来了，奶奶家里没有任何制作中的Yawo。如果我们想在节目中展示这道独特的菜肴，就必须想出另一种烹饪方式。最后，我们一致认为最好的折中办法就是，在11月丽媛第一次踩点的时候就开始制作Yawo，那么到12月中旬我们大部队到达中路乡的时候，Yawo就已经风干了近一个月的时间。到那时，我就能跟奶奶学习如何做这道菜，尝一尝风干一个月的Yawo是什么味道。奶奶跟我说一个月的Yawo也很好吃，只不过不如三个月的味道更佳而已。

四川 丹巴 中路乡

Yawo(布谷肉) _{奶奶菜谱} （4人份）

材料

| 猪肚（不能有孔）1个 | 花椒粉 2勺 | 蒜末 2瓣 |
| 猪腿肉（瘦肉占七分、肥肉占三分）600克 | 盐 2勺 | 姜末 2勺 |

小插曲　这道菜是使用传统烹饪方式制作的地地道道的当地美味。对于年轻人来说，使用动物的肠胃——这种天然包装材料来储存食物的方式可能有点望而却步。但是话又说回来，过去没有其他材料选择，只能就地取材，用最天然的材料包裹食物，而它的功效却又那么令人满意，食材的味道没有受到外界的一丝改变。我之前也吃过肠衣包裹的食物。在德国拍摄《面面大观II》的时候，我学会了一道菜叫Saumagen（牛肚装猪肉和土豆的一种灌肠）；还有一道我非常喜欢的菜品，它是一道使用欧洲传统烹饪工艺制作的经典西餐，名叫Haggis（肉馅羊肚）。然而，Yawo的味道是我从未品尝过的。它有一丝淡淡的四川花椒的风味，猪肉的味道也很浓。尽管我只品尝到了风干一个月的Yawo，其味道之鲜美令人回味无穷。我很难想象再过两个月后它会变成怎样的人间美味。

做法

1. 猪腿肉瘦肉、肥肉混合，切成小块。
2. 加入盐和花椒粉以及蒜末和姜末，将所有食材调料混合搅拌均匀。
3. 将猪肚彻底清洗干净。
4. 将调好的猪肉馅塞入猪肚，用手将肉馅均匀地铺进猪肚里。
5. 用针线把开口处缝起来，密封猪肚。
6. 封好口后把十二指肠和食道绑起来，这个造型非常适合悬挂风干。
7. 将猪肚放入开水里煮40分钟。
8. 煮熟后，将其放置在阴凉干燥处风干3个月。

  如果你对这道菜感兴趣，但却对猪肚和风干的方式不是很确定，我建议用调好的猪肉馅去做其他菜，即使做包子馅，它也会很好吃。姜、蒜和花椒的组合真是绝了！

  这道菜最麻烦的一步，是密封猪肚。如果擅长缝衣服，那这一步难不倒你；可是，我不擅长穿针引线！奶奶告诉我，诀窍是用针穿过外层皮，再穿过内层脂肪，然后刺穿到另一侧的脂肪层，再穿过另一侧的外层皮。这样来来回回就能确保缝合处的紧密性。这个步骤尤其繁琐，所以务必要做好准备，多尝试几次，熟能生巧。

中路乡血肠

奶奶菜谱 （6人份）

材料
- 猪肠 1个
- 猪血 500毫升
- 猪腰 2个
- 花椒 1勺
- 盐 1勺
- 姜末 2勺
- 蒜末 2瓣

小插曲

　　世界上许多国家都有制作血肠的习惯，从法国到菲律宾、到墨西哥再到瑞典，这道特色菜品风靡五洲四海。在不同的菜系中，厨师会选取各式各样的配料来搭配猪血。例如，在韩国会搭配粉丝；在英国加入燕麦；在意大利加入茴香、松子和肉桂用于制作名叫Biroldo的血肠；在南美国家则会加入巧克力、花生和干果。但令我万万没有想到的是，阿冲奶奶竟然搭配了猪腰。切碎了的猪腰给血肠添加了一丝独特的质地。中路乡血肠的确是风味独特的美味佳肴。

　　如果要在家里制作血肠，首先要注意食品卫生与安全。烹饪时使用猪血并不奇怪，但是你必须确保猪血是来自正规渠道；它的新鲜度以及屠宰过程是安全、卫生和人道的。如果不想使用猪肠，你可以在网上购买合成肠衣。虽然Yawo和血肠使用的配料成分几乎相同，可这两道菜的味道却截然不同。这也是乡村烹饪的特色，用有限的原料制作不同口味和质地的菜肴。

做法

1. 将两个猪腰切成小粒。
2. 把腰子加入到猪血中。
3. 加入蒜末和姜末。
4. 最后加入盐和花椒。
5. 猪血与配料混合均匀后,将其灌装进猪肠里。
6. 灌到3/4处即可,避免肠子爆裂,然后用结实的细绳系紧香肠的开口端。
7. 将灌好的血肠放进水中,小火煮约20分钟。
8. 煮熟后,从锅中取出,在阴凉干燥的地方挂一天。
9. 等到吃的时候,将血肠切成薄片,放在干锅煎,直到每一片的外圈颜色变深、口感变脆。

　　跟阿冲奶奶学做饭的过程真是妙趣横生。虽然我花了一段时间,才渐渐地能跟奶奶有效沟通,但正是因为阿冲奶奶,我才领悟到沟通的真谛在于寻找双方的共同点。找到阿冲奶奶的笑点,她能理解的词语,同时努力地学习她的方言,这一切都在欢声笑语中进行着。

　　这也是我热爱旅行的原因,行走的途中会结识不同文化背景的人,它迫使你去注意一些平常忽略的事情,例如肢体语言和面部表情等。通过交流,不仅会有新的收获,还会带来极大的满足感。

四川　丹巴　中路乡

大米菜谱 法式藏寨里脊肉 （6人份）

材料

- 猪里脊肉 750克
- 含鼠尾草混合香料 2汤匙
- 风干牛肝菌 25克
- 黑胡椒 1汤匙
- 海盐 1汤匙
- 猪肚 1个（可选）
- 白葡萄酒 75毫升
- 鸡汤 500毫升
- 黄油 5汤匙
- 土豆 4个
- 胡萝卜 5个
- 红薯 3个
- 紫薯 3个

小插曲

制定食谱的过程真是好事多磨。直到拍摄的前一天晚上，我还在调整食材的内容。原本的计划是将野生菌干粉揉腌整只鸡，然后放入猪肚里煮。然而，就在拍摄的头一天晚上，当我躺在床上，在脑海里计划着每个步骤时，突然想起来——宰杀猪的时候奶奶对我说过她只吃猪肉。当时我对这句话没有上心，我还以为她只是在宰猪的时候才吃猪肉呢。可现在想想，假如奶奶是因为信仰的缘故而真的不吃其他肉类该怎么办！

第二天早上拍摄的第一个镜头就是这道菜；所有配料都已经准备好了，放在民宿的冰箱里。我不断思索自己能搭配出的新菜品。估计你也想到了，我们刚刚宰了一头猪，所以肯定有很多猪肉。最适合放在猪肚里烹调的猪肉非里脊肉莫属。于是，我决定第二天早上就去问问奶奶不吃其他肉的原因。如果我的猜想是正确的，那就去找一块里脊肉代替鸡肉。现在想想，我很庆幸自己最后选择了里脊肉，因为用它做出来的味道非常好，奶奶和家人都特别喜欢吃。

我认为，奶奶做的Yawo这道菜最让人觉得不可思议的就是使用猪肚做外套烹制猪

 奶奶最懂得

做法

1. 将牛肝菌研磨成碎屑,加混合香料、盐和黑胡椒。
2. 把调好的腌料倒在案板上,将里脊肉在案板上来回滚动,直到被腌料完全覆盖。
3. 将里脊肉,白葡萄酒和2汤匙黄油放入猪肚中(或耐热真空袋)在鸡汤里烹煮1小时。
4. 肉在锅里烹煮的同时,将蔬菜切成相同的尺寸。
5. 把蔬菜放进水中烹煮。
6. 当蔬菜八成熟后,从水中取出沥干。
7. 里脊肉煮好后取出,将袋子里的汤汁收好待用。
8. 将平底锅里放入剩下两汤匙黄油把蔬菜煎炒5分钟,用汤汁、盐和黑胡椒调味。
9. 打开最大火,在平底锅中倒入橄榄油煎里脊肉。煎到金黄色。
10. 把肉切成均匀的大片,切肉时要有个微微倾斜的角度。
11. 配上蔬菜。

肉。猪肚就像一个耐热真空袋,能保证肉质鲜嫩且受热均匀。将猪肉放在一个密闭真空的环境中烹煮,猪肚的作用是保证肉接触不到水的高温,从而使热量均匀缓慢地渗透到肉中,使得肉质里外都受热匀称。

如果要在家里做这道菜,我肯定会稍微改一下食谱。除非真的不怕麻烦,否则我不会建议你特地去买猪肚。有几个更现代的烹饪方式可以让你同样制作出非常鲜嫩的里脊肉。我推荐一台Sous Vide慢煮机,这台机器可以确保里脊肉一直均匀受热。只需将机器设置在60℃,并将腌制的里脊肉放进Sous Vide真空袋子里,放入60℃的水中。一个小时后,把肉取出,然后高温将外层烤焦,就像我在节目中做的那样,烤出一层诱人的金褐色外皮。如果没有Sous Vide慢煮机,你可以按照同样的步骤,将腌制过的里脊放在一个Ziploc拉链袋里,挤出空气,放入一个盛有水的小平底锅里,慢火将水煨至沸腾,尽可能小火煮45分钟后,取出再煎金黄色。最后煎里脊肉的步骤非常重要。如果锅底不够热,肉会变老。所以这一步的关键在于用尽可能少的时间将里脊肉煎至金黄色、酥脆。

我在节目中会给蔬菜来个"大变身"(一种法式切刀工艺,将蔬菜切成橄榄球的形状),这一妙招可以提升菜品的品相。这样在烹饪过程中受热更均匀,当你放进嘴里时,蔬菜平滑的切角让口感更细腻、有质地。如果你不想多费力,就将蔬菜直接去皮,切成一口大小的块。

农民、工人和梦想家

晚饭时，我有幸结识了奶奶的儿子、媳妇和孙女。一家人互相关爱，其乐融融，谈起家乡的文化风俗，他们都引以为豪。奶奶的儿子和孙女的普通话更流利一些，通过与他俩的交流，我学到了更多东西。奶奶的儿子共布与当地政府合作开发建设中路乡的基础设施，让往来的交通更加便利。

我真的特别高兴能看到祖孙三代分别代表着各自不同的时代和身份：农民、工人和梦想家。阿冲奶奶代表着农耕时代。她非常擅长依靠土地生存，掌握了当地生活的所有知识，依靠大自然和自己勤劳的双手度过了过去艰苦的岁月。共布代表着工业时代。他致力于建设和发展，为的是培养下一代能学习新社会、新发展所需要的技能。孙女德吉代表着新一代朝着梦想努力的人。她向我们谈起了在村里经营民宿的梦想。德吉看起来特别有干劲，对自己的计划充

满信心。新民宿开在村顶,将在6个月内开始营业。看到这三代人围坐在桌子旁,我很欣喜他们能共同努力奋斗,相互关怀、相互尊敬,创造更好的未来。

阿冲奶奶是桌席上年龄最大的长者,大家都非常尊敬她。奶奶说,看着自己的孙女能追逐梦想,感到特别自豪,自己年轻时受再多的苦也都值得了。这让人听了很是欣慰。与共布和德吉的交流也减轻了奶奶对拍摄任务的压力,她看起来轻松多了。共布和他的女儿性格都特别好,长得也酷酷的,很有自信,对人很和善。我们坐在一起吃饭,讨论着我在中路乡应该学习的其他美食。我已经迫不及待地想学下一道菜——火烧子馍馍。

四川 丹巴 中路乡

MRS. GEMACHU

格玛初奶奶

格玛初 71岁 藏族

性格：勤勤恳恳，
善良，热爱生活。
拿手菜：火烧子馍馍

- 经历 -

　　我和格玛初奶奶一起在田里劳动时，感觉平凡而朴素的奶奶和很多藏区女人一样，勤勤恳恳，善良纯朴，热爱生活，为了家庭而不停操劳。她是万千这样的女性之一。但另一方面，又觉得她是最伟大的存在，因为71岁的年龄了，但家里所有的劳动还是一样做，一个人背着一大筐的萝卜从坡上往下走，作为年轻人的我都会觉得有点怕摔。可奶奶却走得很稳。

　　奶奶培养出来的孩子都走出了大山接受了高等教育，而且都很有成就，都从事为藏区发展方面的工作。最让她骄傲的是在县里担任文化局局长的儿子，每个星期会回来看看奶奶，一直在为藏区的文化传承做努力。

　　她的儿子告诉我，从他记事开始，母亲便是他生活的导师，教会他仁爱，教会他信仰，教会他通过自己的努力获得回报，就算生活中会有许多不如意，可他的母亲总带着微笑去面对。"可以不富贵，可以不光鲜，但做人做事必须要对得起自己的良心。"母亲对他的影响是潜移默化的，从他的价值观、道德标准，都深受母亲的影响。

　　或许奶奶不善言谈，可是你从她的微笑里可以感受到这个女性的伟大。

　　奶奶有一个儿子，三个女儿，三个外孙、一个外孙女。

一进房间就不由自主地盯着它看

房间很小,几乎没有通风,一缕阳光穿透烟雾照射进来,形成了一个美丽而又戏剧化的场景,有种虚幻飘渺的感觉。屋子的中央有一个极大的火坑,上面放着一把精致又考究的铁炉,很显然这是一个有年岁的老物件,而这就是我们此行的目的。据了解,这是乡里仅存的一个传统锅灶。今天总算是亲眼见识了。

我站在旁边仔细地观察,这个灶台设计很是美观。我伸手摸了摸,透过指尖我能清晰感受到岁月在它身上留下的痕迹。我心里不禁在想,传统烹饪设备真是令人赞叹。它的背后仿佛有着一股强大的力量,因为它代表着生命的延续,饱受了烈火和时间的考验,养育了一代又一代人。

这个锅灶是整个屋子的主角,这一点谁也不能否认;我们一进房间就不由自主地盯着它看。随后,摄制组开始支起摄像机,我便坐在那里看着格玛初奶奶点起锅灶。

整个屋子变得烟熏火燎的,杰西、查德和我都快把眼珠子咳出来了。可就在这时,令人惊奇的是奶奶却在一旁淡定自若,她的脸正对着火苗,却没有咳嗽一声,甚至没有流一滴眼泪。奶奶吹了吹火苗,刺激的火焰让她眯了眯眼睛。温暖的光线照亮了奶奶脸上的皱纹,好像每一条都在讲述着自己的故事。奶奶的一生不知道在这锅灶边生起过多少次炉火。我和奶奶一起坐在那间屋子里,好像时光倒流了一般。在那里,我亲眼目睹了一种失落的艺术。传统锅灶位于屋子中间,奶奶的女儿蹲在她旁边打打下手,她俩都穿着美丽的传统服饰,这样的一个景象,大概在几百年前便是家家户户生火做饭的场景了吧。这一幕,我将永远铭记于心。

格玛初奶奶有点认生,不是特别健谈。我开始有点担心她在镜头前的表现,假如她说不出自己的故事该怎么办?万一我们俩无话可说该怎么办?到开机的时候,导演跟我说不用慌张,也不要担心没有话题,只需要享受这段学习时光就好了。这个建议真是帮了我大忙。我就在一旁默默地观察学习,只有在绝对必要的时候才会提问题。我希望给奶奶一个放松的氛围,忘记镜头,就像她每天做馍馍一样。

四川 丹巴 中路乡

> 奶奶菜谱

火烧子馍馍 ⑥人份

材料 | 面粉 400克 | 油泼辣椒面 2汤匙 | 醋 2汤匙 | 蒜末 1瓣
| 水 适量 | 盐 半小勺 | 酱油 1汤匙 |

小插曲 　　做馍馍的主要食材只需两种。老实说，看到这里我有点担心，这道菜会不会太简单了？面粉和水，能变出什么花样来？但是，纵观世界上各种各样的面包，你就会发现，正是食材的单一性才使面包变得如此迷人。变换不同的形状、尺寸和烹饪方式，做出来的味道就会千变万化。

　　格玛初奶奶烧烫烙片，然后将面团捏成一个很厚的圆形大饼坯，把大饼坯放在烙片上。烘烤到饼坯出脆皮。整个制作过程中，我一直保持着沉默，不想打断奶奶的思绪。从奶奶做馍馍的方式就能看出，这一切对她来说是如此得心应手，她甚至不必用眼睛看。最让我有点吃惊的步骤是，奶奶把饼扔到炉灰里。虽然我之前在农村看到过用灰土的余热来烘烤食物，功能就像现代的烤箱一样。但是在我之前的所有经历中，食物都是被包裹起来的，不会与灰土直接接触。这也是为什么要先用烙片将大饼外皮烤脆，否则灰尘就会直接粘在湿面团上。突然，我领悟了火烧子馍馍这个名字的意义了。

　　在家里制作这个馍馍，可不是那么简单。主要原因是灰土的应用对火烧子馍馍

做法

1 将水加入面粉中，不断揉和。
2 一直揉和至面团表面光滑。
3 将面团捏成一个很厚的圆形大饼坯。
4 烧烫烙片，把大饼坯放在烙片上。
5 继续烘烤，直到饼坯成形并且烤出脆皮为止。
6 将成形的大饼直接扔到细碎的热灰里。烤15分钟或到拍它时有空的声音。
7 将表面大部分灰土都吹掉了。
8 把油泼辣椒、醋和蒜末搅拌均匀做蘸酱，蘸食。

　　的味道和口感起着不可分割的作用。你可以按照基本的面团揉捏方法制作大饼坯，然后在金属架上用明火直接烤酥外皮，最后将大饼放在烤箱里烤熟。但这并不能替代火烧子馍馍独特的烟灰烘烤味道。

　　咬上一口刚从烟灰里新鲜出炉的馍馍，算是我整个旅途中最难忘的了。馍馍外皮很硬，可一掰开里面却是热气腾腾的，非常软和。这大概算是个极好的隐喻吧，就像外表安静但内心热情的格玛初奶奶一样，牺牲自己的时间来教我制作这个食谱。我觉得馍馍最好是趁热吃才最香，于是我根本顾不上手上的灼痛，一定要在它最美味的时刻尝一尝。

　　烟灰那种强烈的烟熏味，使得饼的质地和味道更加美味可口。我把一些馍馍递给摄制组的其他成员，大家一边抹着被烟熏呛出的眼泪，一边吃得津津有味，脸上都露出了幸福的笑容；正是这一点——一个简单得不能再简单的经典食谱，承载了一代又一代人的幸福。

　　我在和格玛初奶奶学习烹饪的过程中，掌握了一个非常重要的录制技巧，那就是要在沉默中保持泰然自若。这么多年来，拍摄节目的经历已经让我习惯于解救"冷场"，特别是当我的拍摄伙伴不是很健谈的情况下。如今我才发现，原来试图救场的原因只是因为我开始感到不安。当然，大多数冷场都会在后期制作中被删掉，但有时在拍摄节目的过程中，主持人最好能克制住自己，享受当前的这个时刻，不要总是问问题，应当心存敬畏地见证这些古老传统的呈现。

西班牙蛋饼加馍馍

_{大米菜谱} （6人份）

材料	**蛋饼**	橄榄油 500毫升	**馍馍**	干辣椒 2个
	土豆 6个（中小号）	香猪腿 200克	面粉 400克	欧芹 1小勺
	鸡蛋 5个	盐 一撮	水 适量	
	洋葱 1个		橄榄 30克	

小插曲　　这道菜的创意是受当地特色菜——香猪腿的启发。格玛初奶奶煮熟香猪腿后，把它撕成细条，我就在思索还能配上什么其他食材，来增加它的咸味和陈年猪肉的味道。这时我联想到西班牙蛋饼。制作蛋饼通常只需要三种主要原料：土豆、洋葱和鸡蛋。慢火炖出的土豆因吸收了橄榄油的香味而变得软糯细腻，是这道菜味道的主要载体。将香猪腿肉丝加入到食谱中会是个不错的主意，因为猪肉的味道与土豆很搭。同时，我还想挑战制作馍馍。我决定试着在食谱中加入一些不同的香草和橄榄，看看奶奶是否会喜欢这道根据她古老配方改编的新创意。

　　我和瑞恩花了很长时间才找到这次的烹饪场景。这次我们想找一个户外的场景，不仅是因为天气的缘故，更是因为我们想在这一集中展现一些具有象征意义的理想画面。我一边往山下走，一边寻找灵感。突然，我发现了一台拖拉机，这正是

 奶奶最懂得

做法

1. 香猪腿在锅里水煮1小时。
2. 在一个深煎锅里倒入橄榄油，趁橄榄油还冷的时候，加入切薄的土豆片和洋葱片。
3. 加入菜后，即可调中火，煎10~15分钟，直到土豆和洋葱的边缘出现褐色，土豆变软。
4. 把洋葱和土豆取出并沥油，放入一个大碗里，加入鸡蛋，搅拌均匀后加盐调味。
5. 此时，需要让混合物静置15分钟。
6. 把煮好的香猪腿撕成丝。
7. 在煎锅中以小火煎香猪腿，使其边缘稍微变酥脆且释放出它本身的味道。取出并放凉。
8. 将煎过的香猪腿放入土豆混合物中。
9. 在一个小煎锅里，倒入蛋饼混合物，需要填满整个锅。
10. 高温大火1分钟，将其煎至美丽的金黄色，然后中火3分钟。在这期间需要一直拨动蛋饼，将其从平底锅的边缘铲开。
11. 烹饪总共4分钟后，在平底锅上放一个盘子，把蛋饼从平底锅里倒扣出来，然后再把它滑回锅里煎另一面。
12. 再次把火调大煎1分钟，然后改中火，再煎3分钟。
13. 这期间要不断地使用抹刀和摇晃的动作来塑造蛋饼的形状。试着让边缘卷起来，这样就能得到一个圆形的蛋饼。装盘上桌。
14. 按照奶奶的做法把面粉和水和面。
15. 在面团中加上橄榄、干欧芹和切碎的干辣椒。把配料揉进面团。
16. 将面团捏成一个很厚的圆形大饼。
17. 将烤架放在明火上方，利用火焰外焰烘烤馍馍的外皮。
18. 一旦成形后，把馍馍放进烤箱，180℃上下烤20分钟。

我们乘坐前往格玛初奶奶家的那台。我走过去仔细观察了一番，大概估算了一下拖拉机后拖的尺寸。我可从来没有在拖拉机上做过饭，这估计将会是一个非常有趣的挑战。拍摄的背景我们选择在民宿，那里有传统的藏式绘画，墙上还挂着村子里家家户户常见的玉米和辣椒。

　　这个食谱的关键在于如何准备和烹饪洋葱和土豆。橄榄油的品质越高，味道越好。做这道菜会用到大量橄榄油，在油冷的时候加入配料，主要是为了让土豆和洋葱不会很快就烤焦。烹饪的时间取决于土豆片的厚度。烹饪的过程是要释放土豆和洋葱中的天然糖分，分离出的糖分会对油中的热量产生反应而发生焦糖化效应，并为蛋饼添加一份浓郁的香味。让土豆和洋葱静置这一点是非常重要的。静置可以让不同的味道混合起来，让土豆吸收一些鸡蛋的精华，这样会让蛋饼的味道更加可口。如果买不到香猪腿，可以用盐、辣椒面和酱油腌制猪肘，然后在水或肉汤中煮两个小时直到肉质软嫩，即可撕丝。这样就可以做你自己版本的简易香猪腿了，只不过少了风干的香味。

拍摄过程充满积极的正能量

如果要我说实话,那么跟格玛初奶奶和她女儿一起用餐的那段录制过程算比较艰难。我费尽心思地想做一道奶奶能喜欢吃的菜,但是两天的拍摄下来,奶奶的身体有些吃不消。我很想感谢她花时间教我做菜,于是,我带上了蛋饼、馍馍和一些英国茶想给她尝一尝。

我们坐在奶奶家旁边的露台上,环境真是美极了,可惜奶奶已经劳累过度。她尝了我带过去的茶和馍馍,但她并不喜欢英国茶的味道,我做的馍馍对她来说太软了,不够硬。说句公道话,我做的馍馍跟奶奶做的火烧子馍馍比起来相差甚远,我自己也不是很满意。

令人欣慰的是,奶奶和她的女儿都喜欢吃蛋饼。我是一个现实主义者,我知道不是每一道菜都会受欢迎,不是每位老人都一直在状态,喜欢镜头拍摄的感觉。在我们一起拍摄的这几天里,格玛初奶奶非常乐于助人又有耐心。大家对她表示感谢后回到了民宿,第三集的拍摄就这样完成了。这一周,在中路乡的拍摄过程充满了积极的正能量。

最难忘的烹饪方式

阿冲奶奶和格玛初奶奶是两位非常善良的老人。估计她俩觉得用普通话交流有些困难，这也让她们的耐心更受赞赏。居住的气候、偏远的自然环境以及她们对信仰的执着追求都是塑造她们性格的原因。她俩都不善于表露自己的情感，这一点我也十分尊重。不同的文化中，表达情感的方式也会不同。我觉得两位奶奶都理解了我们拍摄的意图，也都很享受整个录制过程。我在中路乡学到了太多太多。整个剧集中几道最有趣的菜品就是在这里拍摄的，在格玛初奶奶家制作馍馍的方法，对我来说，算是最难忘的烹饪方式了。

云南
YUNNAN

丽江 玉湖村

传统的纳西族古村落

玉湖村坐落在玉龙雪山南麓,距离丽江古城约18公里。这是一个传统的纳西族古村落,面积不大。离村子不远有一个人工湖,名叫玉湖,这也是村名的由来。

从元朝到明清时期,木氏家族统治着这片土地,在此修建避暑夏宫、建养鹿场。玉湖村最早的居民就是木式家族的护卫和养鹿人。

1922年至1949年,著名的美籍奥地利植物学家、探险家约瑟夫·洛克(Joseph F Rock)在玉湖村隐居。洛克博士在此研究玉龙山植被,渐渐地爱上了这片蓝天白云、这里纯朴的村民以及独特的纳西文化。从1922年起,他开始研究当地纳西族的文化。大量照片和文章先后发表在美国《国家地理》杂志上,展现了丽江地区绝美的自然风光,这也使得滇西古村落逐渐被西方世界所认知。

玉湖村是一个千年古村,大部分村民的房子仍然沿用着古老的纳西族传统建筑风格。基底和墙壁大多是蓝灰色石头砌成的,屋顶铺蓝灰色瓷砖,门窗都是木制的。

玉龙雪山仿佛在向我们召唤

我对云南有着一份特殊的感情。2015年,我在大理自治区住了将近两个月,在那里拍摄了我的第一部剧集《天涯厨王》。当时,我有幸跟不同的少数民族讨教烹饪秘方,包括彝族、白族、苗族和回族。我喜欢云南,喜欢这里的文化多样性,更喜欢当地的饮食文化的百花齐放。我还要特别感谢热情好客的云南人。每来一次云南,都让我增添一份对这片土地的热爱。

我们驶出丽江,驱车前往18公里外的玉湖村。这一路上,远处的玉龙雪山仿佛在向我们召唤。由远及近,越发显得宏伟壮观,真不愧是闻名遐迩的玉龙雪山。玉湖地区给我留下最深的印象是它平坦的地势。很显然,我们处在山谷里,这又更加强烈对比出玉龙雪山的视觉高度。尽管它和我们上一集看到的墨尔多神山的海拔非常相似,但玉龙雪山直冲云霄,气势非凡。

我之前从来没有听说过纳西文化,所以我已经跃跃欲试,迫不及待地想要一睹纳西美食的芳容,

看看纳西人是如何传承他们的美食传统。我们第一站先来到了白沙古镇。在古镇里走一走，能明显地感受到这里的现代气息，比安徽、浙江和四川的古镇要更加发达，像是一个大理古城的迷你版本。这里景色宜人，也保留了几分当地的特色风格。然而，我并不希望玉湖村跟这里一样发达，更想在那里找到一份"淳朴和自然"。

幸运的是，玉湖村真的是一个淳朴又古雅的村落。一打眼，你就会被这层层叠叠的石墙所吸引，与远处的巍巍雪山形成了鲜明的对比。我注意到很多游客会绕过村庄前往其他景区。就我个人而言，我对景区不大感兴趣，因为那里往往人满为患，几乎每个人拍出的照片都是完全一样的。当然，我建议可以花一天时间去爬一爬玉龙雪山，在山顶领略一番大自然的雄伟壮丽。你可以租一辆自行车，欣赏沿途的风景。记得一定要请教当地人，寻找最佳的徒步登山路线，这样你就可以远离人群，享受这片土地带来的静谧与安详。

MRS. ZHAO
赵奶奶

赵有执 69 岁

性格：善良，开朗，热情。
拿手菜：纳西火锅、丽江粑粑

- 经历 -

因为赵奶奶的丈夫已经去世，现在赵奶奶和儿子、儿媳妇，孙女，四个人一起生活。

赵奶奶虽然只读过两年书，但记忆力超群，对数字也非常敏感。奶奶年轻的时候，村里亲戚朋友家办红白事，都会请奶奶去做大厨，不仅仅是因为她做饭好吃，还因为她会计划，因为当时家家户户都很穷，办席时既够吃，也不能浪费，加上离城20公里，买菜都是靠人背马驮，非常不方便，所以，计划安排精准就非常重要了。

奶奶在村里算是小有名气的大厨。她总是给主人家办得有面子，又不浪费，奶奶不仅善良能干，她还是一个非常智慧的人，对孩子的教育是：与人相处，不要总想从别人身上得到什么，而是要考虑自己能够给予别人什么。

赵奶奶长得真像可爱的泰迪熊

不论是谁，只要跟赵奶奶单独待两分钟，就会喜欢上她的性格。她笑起来特别有感染力，待人热情。在她身上，你能看到一个心目中理想的奶奶应有的形象——善良、亲切、有爱心、温暖。从拍摄的第一天到最后一天，丽媛一直黏着赵奶奶。有的时候，一个人上了年纪，她的智慧就像灯塔一般闪闪发光，让人不自觉地想要靠近，而她丰富的生活阅历就如同稀有的钻石一般弥足珍贵。这种感觉只可意会，不可言传。赵奶奶长得真像可爱的泰迪熊，她的身上散发着一股暖意，让人不知不觉地喜欢亲近她。多年来，赵奶奶一直在民宿帮忙，接待了来自世界各地的游客。怪不得跟她聊天的时候，我感觉特别自在。

和赵奶奶聊天，会让你想成为一个更好的人，这种情况真的不多见。我俩一起坐在那里，边喝咖啡边聊起赵奶奶的人生哲学。"每个人身上都有值得学习的东西，"她说，"虽然我的英语不好，但我通过观察和学习，可以与每个人交流。"通常，老年人思想比较保守，但赵奶奶绝对不是一般人，她开放的心态真的让我大吃一惊。她的思想很简单：做一个好人，善待他人，不寻求私利；给他人提供帮助时，也会为你的生活带来更多的正能量；良心人人都有，但总有人在不断强调着道德、价值观的重要性。没有什么花哨言语，没有形容词修饰，赵奶奶只有最纯朴的思想和积极的正能量，这也是赵奶奶一家最吸引人的地方。

她是一位非常有天赋的厨师

可以说，赵奶奶是在她哥哥的影响下长大的。她家兄弟姊妹五个，只有年长的哥哥有机会上学，是玉湖村第一个上大学的人，现在是一位受人敬仰的东巴文化艺术家。赵奶奶虽然没上过学，但她也是聪明人，学习能力特别强，思维清晰而敏捷。从小，她就被认为是村里最聪慧的女孩，她并没有因为哥哥的成功而埋没了自己的天赋，而是利用给村民做大厨的机会发挥自己的才能。她告诉我，哥哥在艺术界的成就让她有机会和他一起去旅行，接触这大千世界。每次观看展览，她都会主动与参观者交谈。说到这，我想你也能看得出来，哥哥的成就让赵奶奶引以为豪。

当年，赵奶奶的哥哥在中央民族大学主修艺术，学习了西方油画。20世纪80年代毕业后，赵奶奶的哥哥决定将他对艺术的热爱与纳西族的传统文化结合起来，用西方油画的色彩结合神秘的东巴文字，描绘出了一幅幅栩栩如生的画作。1992年在法国展出后，他的纳西东巴画受到了世界各地艺术家的追捧，获得了业界的赞誉。现在，他担任大理大学美术系主任。

听了她哥哥的故事，我不禁在想，艺术与美食竟然是如此的相似。不论是艺术还是美食，都非常注重传统文化的保护和沿袭。赵奶奶的哥哥就是一个很好的例子。他利用东巴文字，记录了纳西人的生活方式、传统民族服装、音乐、舞蹈和历史遗迹，讲述这里独特的文化、宗教、哲学和天文学的传奇故事。如果没有她哥哥的东巴画，这样的少数民族文化就有可能被世界所遗忘。对于少数民族的文化、艺术和美食，我们应该加强宣传，同时也给予它们应有的尊重。

喜欢学习东巴文化

"东巴"这个词可以用来指三件事。首先,它指的是东巴象形文字。据说东巴象形文字的起源可以追溯到7000年前,它是目前世界上唯一仍在使用的象形文字。相比于其他文字,东巴象形文字在形状上类似于古埃及象形文字,但它带有一定的动态表现和趣味性,这也是它最大的特点。东巴文总共只有1300个字,但是词语表达丰富,记录了大量事件。东巴文源于纳西族宗教典籍兼百科全书《东巴经》,详细记录了纳西族的信仰、习俗、传统和生活方式。第二,东巴指的是纳西族古老的信仰习俗。赵奶奶的女儿告诉我们,纳西人生来就信仰东巴教,赵奶奶喜欢学习东巴文化。东巴教相信自然神与人类乃是同父异母的兄弟,宣扬人与自然和谐共处的理念。例如,纳西族的儿童从小就学习要尊重自然。如果不尊重自然,自然就会降下惩罚。现在,我们生活的世界面临着种种的危机,而东巴教所传达的这个理念比任何宗教信条都更加贴合实际。第三,东巴指的是"神父"这个词的原始含义,即宗教和文字的创造者。

让这些旅客在玉湖村安全自在地游玩

我和赵奶奶的女儿六三(她的小名)聊了很久,她负责经营客栈和咖啡馆。六三非常精明能干,大概是遗传了母亲的聪明才智和豁达的性格。她向我说起开客栈的缘由。早在20世纪90年代,很多游客来玉湖村游玩,但当地没有酒店,只能晚上返回丽江住宿。有的人会骑自行车到玉湖村,一路要花三四个小时的时间。而返程时,路上没有灯非常危险。为了让旅客在玉湖村安全自在地游玩,六三先是让他们免费留宿在自己家里。后来,她想把家里的房子变成客栈。

起初,她的父母并不认可,但六三劝说父母说:"咱们提供住宿服务,不管有没有客人,做不做客栈,咱们都可以继续住在房子里。"现在,赵奶奶负责客栈的餐饮服务,采用传统的纳西烹饪方式制作各种美食,通过改良香料、盐和油的用量,来适应各地客人的味蕾。

　　通过与六三的交谈,能看得出她为自己生在纳西族感到非常骄傲。她为玉湖当地旅游局组织旅行团,积极为村里的小孩子举办东巴文化学习课程。六三这代人和她的下一代为发扬东巴文化不停地付出,这与她舅舅的东巴画一样有着举足轻重的影响力。通过对古老传统的研究和传承,纳西人的未来和东巴文化迷人的历史将得到最好的保护。

云南　丽江　玉湖村

纳西火锅 (10人份)

奶奶菜谱

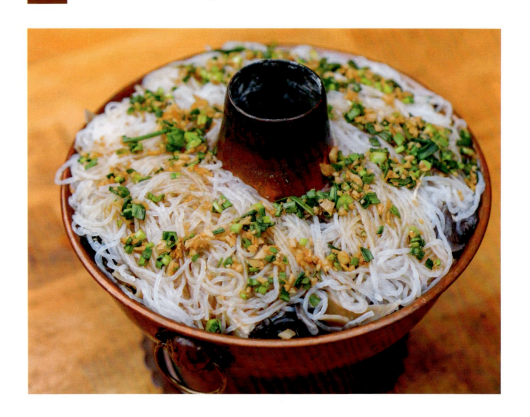

材料

腊排骨 200克	小麦粉皮 80克	胡萝卜 2个	豆腐 400克
水 400毫升	粉丝 100克	芋头 1个	姜 40克
木耳 15克	韭菜根 200克	腊肉 30克	葱 4根
豌豆粉皮 80克	土豆 2个	盐 2汤匙	生抽 4汤匙

小插曲

　　纳西火锅算得上是我吃过的最美味、最有特色的火锅之一了。通常，当你跟一个老外提起火锅时，首先会联想到四川火锅。但是像传统纳西火锅这种带有地方特色的版本，真是鲜有人知。赵奶奶说要教我做火锅，我原本以为会跟云南的蘑菇火腿火锅一样。然而，当我看到韭菜根和腊排骨这样的地方特色食材时，我就知道，这道菜非比寻常，真想一探究竟。

　　如果要在家里做纳西火锅，需要采购一些当地食材，只有这样，才能做出最纯正的纳西风味。虽然制作纳西火锅需要做大量的准备工作，但是它鲜美的味道真是令人赞不绝口。我建议按照赵奶奶的做法，先将腊排骨在开水中煮，然后再准备其他食材。将腊排骨在水中煮两次，可以除去腊排骨中多余的盐分。倒掉第一锅乳白色的汤，将第二锅排骨汤作为火锅汤底倒入铜锅。在火锅内将一层层的食材铺放好，让每一层都充分吸收排骨汤的鲜美味道。纳西火锅吃起来美味又温馨，尤其适合在寒冷的冬季与家人共同享用。

 奶奶最懂得

做法

1. 腊排骨切成小块,放入盛有沸水的锅中,中火煮1小时。
2. 将两种粉皮、木耳和粉丝分别浸泡在温水中。
3. 胡萝卜切滚刀块,芋头切条,土豆切块。
4. 腊排骨煮1小时后,倒掉第一锅水,重新放入一锅新的开水。
5. 在新的开水中继续煮45分钟。
6. 炒锅里倒油,煎几片腊肉。
7. 锅中加入芋头条、土豆块和胡萝卜块,加盐调味。
8. 煎炒几分钟后,倒入排骨汤和腊排骨。
9. 将煮好的蔬菜排骨汤一并倒进铜锅里。
10. 将热炭放入黄铜锅中央的烟囱中,让蔬菜在排骨汤中继续烹煮。
11. 在蔬菜上方均匀地撒一层韭菜根。
12. 加入大块豆腐。
13. 均匀地撒一层粉皮和木耳。
14. 加入一层粉丝。
15. 用生抽、姜末、葱花调制酱汁。
16. 将酱汁倒在粉丝上。
17. 盖上铜锅盖子,煮至少30分钟直到蔬菜变软,每一层食材都得到充分加热入味。

云南　丽江 玉湖村

丽江粑粑 （2人份）

奶奶菜谱

材料

| 面粉 300克 | 发粉 2汤匙 |
| 水 300克 | 面粉 200克 |

小插曲

丽江粑粑色泽金黄，吃起来香脆可口，特别是配上赵奶奶自制的发酵辣椒酱，味道真是绝了！丽江粑粑有着悠久的历史，如今仍然是当地人喜闻乐见的风味主食。其实，我经常会接触到一些所谓的"特色"食谱，这些食谱往往是为春节或特殊节日专门创作的。而这次，我学习的是纳西人日常生活中的美食，过程一样充满着乐趣。

赵奶奶告诉我，每个纳西人都会做丽江粑粑。几乎每天早上，赵奶奶都会为家人做粑粑吃。制作的第一步是预发酵，在西方烹饪中叫做"poolish"。不论是做比萨还是面包，都可以使用这种方法。预发酵的面食吃起来味道好极了，且余味悠长。

 奶奶最懂得

做法

1 将面粉和水混合成团，放入碗中，盖上醒一夜。
2 早上加入发粉和面粉，和面。
3 揉面团10分钟至松软筋道。
4 分成若干小面团。
5 用擀面杖擀出饼坯。
6 用带盖的平底锅或者面包机烤熟。

云南　丽江　玉湖村

大米菜谱 葡萄牙绿菜汤和玉米饼

材料

绿菜汤
- 土豆 5个
- 大蒜 4颗
- 西班牙辣肠 200克
- 甘蓝菜 150克
- 橄榄油 50毫升
- 腊排骨汤 500毫升
- 胡椒粉 一撮
- 盐 一撮

玉米饼
- 面团酵头 300克
- 发粉 2汤匙
- 玉米粉 200克
- 西班牙腊肠油 1汤匙

小插曲

我听说赵奶奶的女儿住在澳门。这些年来,奶奶一直没机会去探望自己的女儿。于是,我决定带这道澳门风味给赵奶奶一家尝一尝,也算是一个惊喜。跟赵奶奶学习了纳西火锅的制作方法,品尝了香飘十里的腊排骨汤之后,我想到了这个点子。在澳门,所有的葡萄牙餐馆都有一道非常有名的汤品,叫做"Caldo Verde",就是葡萄牙绿菜汤。它的配菜通常有土豆、甘蓝菜、西班牙辣肠。我决定利用赵奶奶的排骨汤做汤底。这样既能增加汤的浓度,又能让赵奶奶品尝到她女儿常吃熟悉的味道。随后,我又有了另一个点子。在葡萄牙,绿菜汤通常搭配着Pao de Milho——一种玉米饼。于是,我决定把赵奶奶的丽江粑粑变个新花样。

绿菜汤做起来不难,而且非常容易获得用餐者的好感,它也是我最喜欢烹饪的汤品,味道浓郁又有益健康。我记得,第一次喝葡萄牙绿菜汤是在三岁的时候。从1991年起,我和家人就经常光顾澳门的一家葡式小餐馆,那里以绿菜汤和其他经典葡萄牙菜而闻名。

做法

1. 土豆切成小块。
2. 深炖锅中倒入腊排骨汤,加入土豆和大蒜小火煮10分钟,直到土豆变软。
3. 将汤搅匀。
4. 甘蓝菜去茎,将叶子卷成雪茄的形状,切成薄片。
5. 甘蓝叶片加入汤中。关火和盖上锅盖闷一会儿。
6. 西班牙辣肠切片,锅中热橄榄油,下辣肠煎2分钟或直至出油。
7. 将西班牙辣肠片和辣肠油加入汤中,放胡椒粉、盐调味。
8. 在碗中,将酵头和玉米粉混合成面团。
9. 揉面团10分钟。
10. 面团醒30分钟。
11. 分成若干小面团,分别做成圆形厚面饼。
12. 干净的锅内倒入少量腊香肠油,放入面饼,中火煎6~8分钟直至内里熟透,外表酥脆,即可出锅。

赵奶奶做的腊排骨汤是主角。我先将腊排骨放入水中煮1小时,倒掉第一锅汤,除去腊排骨里面多余的杂质和盐分,再放入第二锅清水,继续煮45分钟。整个步骤完全按照赵奶奶教导的一样。不仅如此,这道菜还可以改成素食汤,用蔬菜熬汤,替换腊肠。绿菜汤可以提前制作,放入冰箱几天也不易变质。

共进最后的晚餐

和赵奶奶的儿女们共坐一席,共进最后的晚餐。我不禁感叹,这真是一个了不起的家族。高尚的品德、优良的家风得到传承:正直、善良又充满智慧。看一看留言册,你就会发现,所有的游客都有着同样的感受。一家人温暖的笑容、细致入微的服务、积极的正能量获得了来自世界各地旅客的尊重。数不清的游客,因着赵奶奶和她女儿的缘故,留在中国,喜欢中国。吃着聊着,我们就聊起了更多的纳西美食。赵奶奶一家人对李奶奶手工制作的纳西月饼都赞不绝口。估计他们心里一定很高兴,因为等月饼一出炉,大家就都能品尝到了!我已经等不及要上下一节纳西烹饪课了!

MRS. LI

李奶奶

李近花 65 岁

—

性格：善良、温和。
拿手菜：纳西月饼

- 经历 -

李奶奶生养了三个孩子，大女儿和燕；儿子和伟，小女儿和静，都是师范毕业，都在中小学任教，都已结婚。李奶奶觉得，虽然上半辈子非常艰苦，但是培养了三个孩子，而且已经成家立业，感到非常欣慰。现在就是陪着孙子慢慢长大，每天接送，洗衣做饭。李奶奶充分利用了这里的水、土壤优势，家里吃的都是自己种的蔬菜和水果，可以让全家人吃到新鲜健康的食材，基本上你能说出的纳西菜肴，没有奶奶不会做的。

是缘分让我们遇见了李奶奶

来玉湖之前，我们只确定了赵奶奶一位拍摄人物，一直没找到第二位奶奶。摄制组开始担心，万一找不到合适的人选该怎么办。幸运的是，赵奶奶将她40多年交情的闺蜜李奶奶介绍给我们。是缘分让我们遇见了李奶奶。李奶奶的拿手绝活就是纳西月饼，跟她学习烹饪也很放心。在赵奶奶家拍摄的这几天，李奶奶一直在旁边陪同，估计她也差不多适应了摄像机镜头，能自如发挥。

李奶奶的性格和赵奶奶大不相同，她比较内向。不难看出，这两位奶奶有着一辈子的交情，因着她俩互补的性格。我能想象到姐俩年轻时候的样子：赵奶奶天性活泼好动，而李奶奶性格内敛，为人和善，算是老姐俩中相对传统的那个。光看看她俩的家，就不难看出两位闺蜜的差别。李奶奶的家较为朴素简洁；而赵奶奶的家刚刚做了翻新，较为现代。可以说，李奶奶代表着传统的纳西文化。她的烹饪方式仍然延续着最传统的办法：在木质灶台上做饭；白天她在院子里耕种，依靠勤劳的双手过着最朴实又环保的生活。虽然两家人的生活方式有天壤之别，但姐俩彼此的关心和照顾经受住了时间的考验，这也是对她俩40年友谊的印证。不应以财富的多少来区分社会地位的高低，有些人可能拥有很多，而有些人可能拥有很少，但评判人的标准应该是看她的道德品行。

食物扮演着举足轻重的角色

李奶奶曾经是一名人民教师，特别有耐心。她举止得体，说话总是轻声细语地。李奶奶的说话方式让人感到很亲切，我们有种宾至如归的感觉。特别是听了李奶奶为家人团聚所付出的努力，我真的是对她肃然起敬。李奶奶的儿子住在丽江，来回要做一个小时的公交车，有时甚至要一个半小时。但她不辞辛劳每天往返丽江，就是为了去帮忙带孙子。要知道，并不是每一位母亲都做到这一点。看得出，家对于李奶奶是多么重要，孩子们健康幸福地成长就是李奶奶最大的慰藉。母爱是李奶奶的天性，对于奶奶这个角色，她非常认真地对待。当我们做月饼的时候，李奶奶跟我说："我不打麻将；我宁愿花时间和孩子们一起。他们还年轻，需要打拼事业。而我这个老妈子就帮他们做做饭、洗洗衣服、带带孩子、接送上下学，这是我的责任。"

在李奶奶家，食物扮演着举足轻重的角色。每天，李奶奶都准备饭菜去丽江送到儿子家。李奶奶告诉我，即便她儿子不打算搬回玉湖村，她也一定要让自己的小孙子们吃上家乡的味道。所有的水果和蔬菜都是李奶奶自己种的，她坚持为家人提供最健康、最天然的食材。可以说，李奶奶一家过着既朴实又富足的生活，一切都是那么井井有条。

云南　丽江　玉湖村

纳西月饼 (10人份)

奶奶菜谱

材料

面粉 1.2千克	鸡蛋 4个	核桃仁 200克	小苏打 5汤匙
红糖 300克	植物油 700毫升	野生薄荷 50克	芝麻 100克

小插曲

来玉湖村前,我从没听说过纳西月饼。原以为它跟普通月饼没什么两样,估计就是馅料有所不同。可让我没有想到的是,纳西月饼跟市面上的月饼有区别。因为耗时较长,当地人也很少制作。一旦做起来,一定是批量生产,送给街坊邻居一起享用。李奶奶一次能做七八十个月饼,她的女儿和儿媳也经常来帮忙。她俩都跟李奶奶学会了这门手艺。

月饼的配料都是当地食材,这一点我格外喜欢。地里长的野薄荷、当地特产天然红糖、李奶奶自己种的核桃,当然还有散养鸡下的有机鸡蛋。虽然月饼属于甜食,但这些天然的食材保证纳西月饼有益身体健康,不像外面卖的那些甜点,掺杂了人工甜味剂、色素等添加剂。

李奶奶做月饼的第一步竟然是蒸面粉,这有点出乎我的意料。我问李奶奶为什么要这样做,她说她母亲就是这样教她的,而她奶奶也是这样教她母亲的。我猜想,蒸过的面粉没有了筋性和弹性,淀粉的味道变淡,更能突出核桃的酥脆松香。蒸熟的面粉中,小麦的味通常会更加浓香。

 奶奶最懂得

做法

1. 将面粉用纱布包裹，放在锅里蒸30分钟。待面粉变硬块即蒸熟。
2. 将面粉块捻成细粉。
3. 红糖切碎末。
4. 红糖过筛，将大块红糖重新切碎成粉末倒入面团。
5. 在大碗中，将红糖末和蒸熟的面粉混合。
6. 加入小苏打、打好的鸡蛋、油倒入碗中，混合拌匀直至成面团。
7. 慢慢加水，将面团揉光滑，可以滚成球又不粘手。
8. 面团要醒一夜，让红糖充分溶解在面粉中。
9. 用杵臼将核桃仁捣碎成细粉。
10. 加入野生薄荷叶，继续捣。完成后备用。
11. 月饼模子里抹适量的油。
12. 模子里撒芝麻。
13. 取一块面团，中间挖个洞，放入核桃薄荷粉。
14. 封好口后团成圆形，压入模具中。
15. 将面团均匀地压入模具中。
16. 在月饼背面放一小片防油纸，敲击模子，直到卡好的月饼掉下来。
17. 重复这个步骤，将所有的面团和馅都做成月饼形状。
18. 在烤箱中烘烤20分钟，温度设定为180℃。直到月饼呈金黄色，外皮发硬即可。

    李奶奶有一个特殊的纳西月饼模子。如果你找不到纳西月饼模子，我建议你选用较薄的月饼模具。李奶奶是在木柴上烤月饼的。你在家里可以用普通的烤箱，烘出来的月饼应该与李奶奶做的一样。当然，比起柴火烤，烤箱烤出来的月饼味道会稍逊色一些。

    纳西月饼的味道真是不一般。表面色泽金黄，口味醇厚，酥绵爽口，甜而不腻，真是令人赞叹不已。说实话，我原以为月饼可能会偏甜，毕竟奶奶放了那么多红糖。但是，野薄荷和芝麻的使用平衡了口感。如果不拦着我，我能一口气吃四五个月饼呢！下一个中秋节，让你的家人换个口味，尝一尝纳西月饼。我保证你不后悔。

    做月饼的过程中，我和李奶奶围绕着野生薄荷这个食材展开了一段有趣的对话。当她拿出野生薄荷时，我很惊讶。这种野生薄荷跟我见过的任何品种都不一样。它看起来更像牛至——一种常用于西方烹饪的草本植物，尤其在希腊、西班牙和意大利菜系常使用。据我所知，牛至只被当作一种香料，搭配肉类和蔬菜烹饪。直到拍摄杀青，我才有机会做更多的研究。原来，牛至就是野薄荷。制作月饼的配料里有牛至，真令人大吃一惊。这次经历，让我对牛至有了全新的认识。我一直把它当作香料，但从没想过用在甜点制作中。这就是我生命意义中的追求之———发现旧食材的新用途。

云南　丽江 玉湖村

大米菜谱 吉尔奶奶的苹果派 8人份

材料

面粉 300克	姜粉 1汤匙	苹果 8个	精白砂糖 75克
红糖 200克	肉桂粉 1汤匙	水 50毫升	淡奶油 250毫升
黄油 125克	核桃碎 50克	蛋黄 6个	

 小插曲　这个食谱对我来说有着特殊的意义,因为这是属于我的亲奶奶——吉尔奶奶独创的。

刚见到李奶奶和她的特色月饼时,我首先想到的是要做一个核桃蛋糕。但是,随着拍摄的深入,触动心扉的一幕让我有些措手不及:用手揉搓面粉和糖的那一刻,让我仿佛回到了童年时光。我坐在吉尔奶奶的身旁,看她做苹果派。苹果派是我们家的特色甜点,奶奶从小就做给我们吃。而那时的我,用小手揉搓着面粉和糖,慢慢地记住了奶奶的食谱。如今,在世界的另一端,我还是坐在那里揉搓面粉,心里却在思念着我的奶奶,这种感觉真有点奇特。

在那四个星期的拍摄中,我总会想起我的奶奶。我很想念她。大概摄制组的其他成员也都会想起自己的奶奶吧。我准备过几天回英国去探望我的奶奶。我想,在回去之前将她的食谱与李奶奶分享。这样我回去就能告诉她,我教了一位中国奶奶做苹果派。而且,李奶奶还有自己的一个小苹果园,就像吉尔奶奶一样。这真是一个千载难逢的机会,将英国奶奶的苹果派分享给一位特别的中国奶奶。这就是烹饪

做法

1. 苹果去皮、去核，切成一口一块的大小。
2. 取一汤匙黄油倒入锅中，加入肉桂粉、姜粉、水、苹果块以小火煮10分钟。
3. 将面粉、红糖和黄油混合搓拌，直到黄油完全融化，呈细碎的酥粒状。
4. 将煮熟的苹果放入烤盘中。
5. 将混合酥粒铺在上面。
6. 烘烤20分钟直到苹果表面成金黄色。
7. 将淡奶油加热到沸腾。
8. 同时，在一个大碗中加入蛋黄和糖，搅拌混合直到变白并呈乳状。
9. 将热奶油慢慢倒入盛有鸡蛋和砂糖的大碗中，同时不断搅拌。
10. 将混合物放回锅中，小火加热，同时不断搅拌以避免结块。
11. 小火煮5分钟，至浓稠成为奶油酱，你可以试着用勺子背面沾一点儿奶油酱，用手指滑过，会留下一条清晰的分界线时，将奶油酱浇在烤好的苹果派上，拌匀即可。

的精髓——它鼓励人们分享和学习。

因为李奶奶家有现成的食材，红糖、面粉、苹果、核桃和香料都有。我很开心李奶奶一直在旁边帮我准备配料。我很想将这个食谱作为回报送给李奶奶，感谢她花费这么长时间教我做纳西月饼。

要看一个人是否喜欢与你相处，相处得是否自在，就看她什么时候开始向你提问。当我们开始切苹果、制作酥粒的时候，我便感觉到自己和李奶奶有了一种默契。

苹果派是值得特别推荐的甜点食谱。它用的是最新鲜的苹果，又不需要花费太多的时间。特别是烘烤的时候，香气弥漫整个屋子。酥粒应该配着现做的奶油酱或者香草冰激凌一起食用。我最后选择做奶油酱，估计是作为英国人的一种自豪感吧。

我很高兴能跟李奶奶分享这个食谱。她真是一位不可思议的奶奶，有着最宽广的胸怀。我真心希望，将来她能把这道苹果派做给她的孙子们吃。虽然，我的吉尔奶奶已经不能再为我做这道菜了，但我希望通过这次分享，能将她的食谱传扬出去，让大家都能品尝到苹果派所带来的美味与喜悦。谢谢您，我的吉尔奶奶。

分享最动人的甜蜜时光

在玉湖村的这段时间,我发现许多云南独有的让我为之着迷的原因。尽管,玉湖村距离我之前去过的地方不远,但这次我却体验到又一个全新的文化氛围。我尊重纳西人,越多了解这里的文化风俗,我便越欣赏他们的生活方式。我喜欢倾听他们与自然的关系。

我们应该如何尊重和回馈自然?如今,现代化城市比以往任何时候都更需要尊重自然的声音——这些来自传统文化的智慧和观点。如果你对纳西文化或东巴文化感兴趣,我强烈推荐你来玉湖村,去六三的民宿喝一杯咖啡。如果够幸运的话,或许能尝到赵奶奶或李奶奶做的纳西美食。

两位奶奶善良、亲切又和蔼。和她俩一起度过的时光,让我仿佛有种回到家的感觉。这次,我所学到的珍贵食谱将作为这段时光最美好的记忆。丽江粑粑代表着辛勤的劳作:农耕时辛劳的人们经常在田里睡觉,早上起来吃上一口丽江粑粑,补充体力继续干活。纳西火锅和纳西月饼则代表着团圆:美食将家人凝聚在一起,分享最动人的甜蜜时光。

最美味的菜肴在乡间

看着两位奶奶聊天时,我突然意识到了乡村生活独有的魅力。这里的人们似乎有更多的时间,互相倾听和交谈,分享真挚的感情,不再需要匆匆忙忙。如果换作在城里,你所听到的对话中百分之九十是关于金钱、购物或买房子的。不知不觉中,我们生活在一个只关心财富的世界里,这真的让人有点失落。

在农村,生活节奏要慢得多,人的内心也更加平和。在这里,我感觉人们谈论更多的不是金钱的话题。当我不再被那些关于金钱的压力所围绕时,我才能专注于真正重要的事情、重要的人,重新审视自己对待生活的态度。当然,清醒的头脑会迸发出更多的灵感。所以,我做的最美味的菜肴是在乡间。我喜欢亲近自然,新鲜的食材让我愈加爱上食物最初的味道。我已经期待着下一次的云南之旅,看看还有什么新的冒险在等着我。我敢肯定这次只是冰山一角。

云南　丽江　玉湖村

贵州
GUIZHOU

荔波 水扒村

传承世代流传的智慧

  水扒村位于毛鸡山和岜江山之间的山谷中，紧邻从茂兰镇通往荔波县的主干道。这里仅剩20栋危房，居民的居住情况很不乐观。村里的大多数人都迁到附近较发达的城镇去了，离开了这座古老的村落，留下它慢慢地被世人遗忘。

  住在附近村庄的居民多是水族或布依族。水族在这里有两个分支：头缠白布的是主要宗族，头缠黑布的是一个小型宗族。两个分支的主要区别在于庆祝节日的不同。白布族庆祝端节，而黑布族庆祝卯节。这两个节日都在收割稻谷之后的丰收季节。在水族，稻谷代表着年轻人的勃勃生机，相濡以沫的深厚感情。因此这两个节日也被称为当地的情人节。庆祝的日子由村里德高望重的老人制定，传承世代流传的智慧。

探寻水族古老的传说

水扒村是个有趣的地方,但感觉眼前的这个小村庄坚持不了多久就会消失得无影无踪。刚到这里时,大家都有些诧异,压根儿就没找到这个村子。从主路上只能看到一片新建的酒店。水扒村在哪儿?拉拉说水扒村就藏在这酒店的后面。于是,我们继续前行,在山脚下发现了几排古老的木屋,一片荒凉景象。

这就是水扒村,连个人影都没有。在村里走着,发现有的屋子房顶已经塌了,有的甚至早已完全倒塌。当时大家的第一反应是,我们来对了地方么?

一行人回到酒店,老板安排我们在接待处也就是餐厅用餐。丽媛给蒙奶奶打了个电话,邀请她来一起吃午饭。大家都为这次拍摄捏了把汗,因为水扒村给人的第一印象与其他古村落相差甚远。不仅如此,天气也没帮上什么忙,下着小雨。然而,丽媛向我们保证,大家见到蒙奶奶后肯定会改变心意的——事实的确是如此。

我大概不会推荐大家去水扒村旅游。因为老实说,村子的房屋已经所剩无几。但是,这附近的自然景观非常优美。因此,赶在村子翻新改造之前,来这儿探寻水族古老的传说,还是值得一游。

贵州　荔波　水扒村

MRS. MENG

蒙奶奶

蒙翠芝 75 岁

性格：乐观，开朗。
拿手菜：韭菜包鱼

― 经历 ―

　　蒙奶奶 1965 年嫁到水扒古镇，与丈夫恩恩爱爱，相濡以沫。40 多年前与家人一起亲手建造了这座老屋。屋内的一木一瓦都是奶奶和爷爷自己从山上搬运下来的。奶奶有 4 个儿子，1 个女儿，现在已经做了太奶奶。

　　如今爷爷已经去世，奶奶也随小儿子搬到荔波县城居住，但是每到周末，她都会跟家人回来，在老屋里生活做饭，延续传统，一家人围在火坑前煮饭、吃饭。

奶奶最懂得

她是个爱笑的人

一开始我有点摸不清蒙奶奶的性格。看她皱着眉头,脸上却露着笑容,实在是让人琢磨不透。蒙奶奶脸上总是一副忧虑的表情,看起来有些沮丧。奶奶的眉毛特别有表现力,时而紧蹙,时而上扬,内心的惊讶和好奇表露无遗。和云南的赵奶奶、李奶奶相比,蒙奶奶看上去比较严肃。因此,当她笑起来的时候,便更加引人注目。

只看镜头,你可能会说蒙奶奶看上去不太高兴,但事实并非如此,只是因为蒙奶奶的表达方式跟大家有点不同罢了。她是个爱笑的人,但在镜头面前有些怯场,她还担心自己的普通话水平不够好呢。和蒙奶奶的相遇让我意识到,在整个拍摄过程中,我遇见的16位奶奶,她们每个人都有着不同的背景和性格,这些正是这部剧集的精髓——求同存异。

携手建筑爱巢

蒙奶奶1965年嫁到水扒村,小两口很恩爱,一起亲手建造了现在这座老木屋。爷爷和奶奶先在村后的森林里砍下木头,从山上搬下来,然后将木头钉起来。搬一根木头通常要花费半个小时的时间,这真的是携手建筑爱巢。他们一砖一瓦地铺起屋顶,为了建造属于自己的家付出了巨大艰辛。在这屋子里,他们共同养育了五个子女。蒙奶奶向我诉说过去的穷日子,每人一个蒸地瓜配一碗米饭,晚饭就这么凑合着吃。蒙奶奶一直在田里劳作,她喜欢开玩笑地说自己毕业于"农业大学"。她的丈夫有初中文化,字还认得多一些。爷爷和奶奶在自己亲手建起的房子里一直过着简朴的生活,家里还有奶奶的公婆和孩子们。

不幸的是,十几年前蒙奶奶的丈夫去世了。相濡以沫的老伴儿走了,可自己还住在这个充满回忆的老屋里,我能想象这种滋味不好过。老两口的感情深深地印刻在老屋的每一面墙上。爷爷去世后,孩子们不想让奶奶一个人住在偌大的老屋里,于是她搬去荔波县住在儿子家。后来渐渐地,街坊邻里也都搬去了邻近的县城。然而,这座老屋对奶奶有着特殊的意义,她舍不得离开属于她一辈子的回忆。为了纪念自己的丈夫,蒙奶奶每周末都跟孩子们回来看看,风雨无阻。一进门,就能看到爷爷和祖父母的灵牌,前面放着供品。一家人每周都会聚在这里,吃一顿团圆饭。令人惊讶的是,正是由

贵州 荔波 水扒村

于这个原因,这座老屋在今天仍然矗立不倒,而周围大多数房子都已经倒塌了。蒙奶奶和女儿魏姐告诉我,周围的房子因为常年没有人住,木材受到虫子的啃噬和霉菌的侵蚀大多都塌了。而蒙奶奶一家人每周都回来生火做饭,起到了杀菌消毒的作用,驱散了屋里的湿气。老屋保存着一家人对往事的回忆,也延续着这栋老屋的生命。

跟魏姐一起在老屋里参观的时候,她领我去看她以前的房间,里面有一张床又破又脏,墙上贴满了20世纪80年代的报纸,还刻着一些字,是当年哥哥在墙上教她写字时留下来的痕迹。楼上就像一个家族博物馆,所有的记忆都被时间冻结在这里。我能想象到过去的景象,孩子们在楼上到处乱跑。记忆是如此的鲜活,而现实却是人去楼空的荒凉,真是五味杂陈,心里不是个滋味。从理论上讲,奶奶现在跟儿子一家住在荔波县,生活条件要好得多,开始新的生活应该不是件难事,唯一让她有所牵挂的就是对老屋的不舍。

老屋是我们的家、我们的根

我也不禁回想起自己的经历。我小时候也经常搬家。但是,偶尔也会回到香港火炭——我长大的地方。记得11岁那年,政府要拆迁,我们被迫搬走。每次回到那里,我都会在脑海中回忆起当年的种种。老屋是我们的家、我们的根,是骨子里的一种存在感,让我们记住自己是从哪儿来的。人有一个本能,就是将回忆保存在大脑和心灵深处,而这些记忆往往与一个地点联系在一起。回到过去可以帮助我们释放积压在内心深处的情感。这是一种非常强烈的感觉,是金钱永远买不到的。蒙奶奶和女儿向我诉说着她们对老屋的这份感情,我立刻就与她们产生了共鸣。如果房子被拆掉,她会像是失去了自己的一部分一样。我完全理解奶奶为什么要救下这栋老屋,我也非常尊重她的这个决定。

奶奶菜谱 韭菜包鱼 (4人份)

材料

鲤鱼 4条	生姜 30克	花椒 1茶匙	韭菜 1公斤
青辣椒 10个	蒜 4头	水 30毫升	
红辣椒 10个	盐 2茶匙	广菜叶 4片	

小插曲　　这一招我真的从没见过,太厉害了!这道菜只有缠黑头巾的水族人会做,也是他们的招牌菜。用韭菜包鱼是一个非常智慧的烹饪方法,可以让鱼肉吸收韭菜浓郁的香味,保护鱼肉免受明火加热,在长时间的烹饪过程中保持鱼的形状,并将所有配料成分紧密地包裹在鱼腹中。有趣的是,直到拍摄结束,我才发现制作这道菜的一般方法是将韭菜填在鱼腹内,所以这道菜的名字本应该叫做鱼包韭菜,韭菜包鱼是蒙奶奶自己的偏好,这真是一个好创意!

　　我非常推荐在家制作这道菜。虽然烹饪需要很长的时间,但准备工作却是相当简单。如果不想处理鱼,你可以让鱼贩帮你去掉内脏、鱼鳞和鳃。这样,你所需要准备的就是充填的材料了。当看到做馅料所用到的辣椒时,我不由自主地联想到我的最爱——双剁椒鱼头。蒸鱼的时候我还在想,这两道菜的味道会不会有些相似。

　　用韭菜包住鱼这个步骤稍有点费劲,但既然连我都能找到其中的窍门,我相信你也能做到!做这道菜最重要的一步是蒸鱼。奶奶用的是传统火炕,这样的蒸煮

做法

1 杵臼中放入红辣椒、青辣椒，加入蒜末、姜末和盐，捣碎成酱。
2 加入1茶匙花椒和水。搅拌均匀，用盐调味。
3 将鲤鱼去鳞、去鳃后，沿背部剖开，但腹部相连，除去内脏后清洗干净。
4 将调好的辣椒酱放入鱼腹内。
5 在洗净的宽叶韭菜上，放两片广菜叶，然后将装满辣椒酱的鲤鱼放到最上面。
6 在鱼的上方盖满韭菜，将鱼完全包裹。
7 用米草或厨房用线扎牢，根据鱼的尺寸捆三道或者四道。
8 小火蒸2小时即可。

方式给鱼带来了独特的风味。在家烹饪时，你可以使用蒸笼，但一定要确保使用最小火。蒸的时间越长，鱼入味就越浓。蒸两个小时后，我们关了火，品尝了这道韭菜包鱼。慢火蒸这么长时间，鱼肉细腻柔嫩，烂而不糜，吃起来有点像辣椒鱼肉酱。这种口感我还是第一次尝试。后来，蒙奶奶的小儿子老四告诉我，如果再蒸几个小时，味道会更好。

我们要拍一些这道菜的照片。如果我告诉你这个过程很简单，那我肯定是在撒谎！从视觉上看，这道菜的品相的确有些差强人意。可谁说一切都必须要完美呢？我已经厌倦了那些过于刻意的摆盘，我认为一道菜最重要的是它的味道。

我真想再来一盘蒙奶奶的韭菜包鱼，加一碗贵州米饭。这才是乡村，这才是生活，纯粹的完美！这道菜包含了太多的层次，肉眼不一定能看得清楚。贵州当地的辣椒味道独特，再加上新鲜的淡水鱼和有机韭菜，成就了这道菜独有的美味。但最重要的是这道菜背后的故事。其实，做什么菜已经不重要了，只要能让这栋老屋屹立不倒，任何菜都是唇齿留香的完美体验。

大米菜谱 鱼包柑橘 (4人份)

材料

鲤鱼（去内脏，切开摊平）2条	莳萝 20克	大豆油、橄榄油 适量	迷迭香 20克
血橙 1个	欧芹 1茶匙	酸黄瓜 10根	烟熏红菜椒粉 1茶匙
柠檬 2个	盐 少许	凤尾鱼 4条	帕尔马干酪 40克
	蛋黄 2个	土豆 4个	大蒜 适量

小插曲

　　周末，我们一直住在水扒村，正好赶上蒙奶奶的家庭聚餐。我决定给蒙奶奶露一手，为大家做一道菜。我想结合西方烹饪技巧做条鲤鱼，方式跟水族的韭菜包鱼有些类似。在法餐中，有一种烹饪方法叫做"en papillote"，意思是"纸袋烤出的美味"（这个词用法语说起来更好听、更浪漫，所以烹饪界也会用法语！）"en papillote"指的是用烘焙纸做成一个袋子，将鱼包裹起来，里面可以搭配任何调味配料。这个创意的理念是通过烘焙纸蒸鱼，又能保留住鱼的水分。如果你想在家里做这道菜，可以根据自己的口味调整柑橘的用量。蒸的时间越久，入味越浓，吃起来就越像蒙奶奶做的韭菜包鱼。可以将我的创意和奶奶的菜谱结合起来，在烘焙纸里加入韭菜和辣椒，再配上点柠檬，效果会很好！

　　我还做了西式炸土豆丝作为佐餐小食。这道菜适合搭配任何肉类，它完美地融合了中西方烹饪技巧。我还做了塔塔酱，配着鱼和土豆丝一起吃。为了省事，最简

 奶奶最懂得

做法

1. 将血橙和柠檬切片，塞入清洗干净的鱼腹内。
2. 倒入适量橄榄油、盐、欧芹和10克莳萝调味。
3. 把鲤鱼放在烘焙纸中间，上方覆盖另一张烘焙纸。
4. 从右边开始，将两张纸一起向鱼的方向折叠，然后沿着鱼的轮廓逆时针继续折叠，不断将圆弧形的边缘往内折，形成一个封闭的纸包。
5. 将密封好的鱼入锅蒸至少30分钟。
6. 同时制作配菜。用刀或切片机将土豆切成细条。
7. 将土豆条浸泡在冷水中。
8. 炝锅，在炒锅中倒入橄榄油、迷迭香和几瓣大蒜，用中火或小火煸炒出香味。
9. 待其出味后，从炒锅中取出。切勿炒焦迷迭香和大蒜，以免有苦味。
10. 放入土豆条，大火爆炒至焦黄色。
11. 用烟熏红菜椒粉和盐调味。
12. 土豆炒熟后，关火，出锅装盘，撒上帕尔马干酪碎。
13. 取一个大碗，倒入两个蛋黄，加少许盐搅匀。
14. 向碗中缓慢地倒入大豆油，同时不断地搅拌混合物。
15. 搅拌至蛋黄酱的浓稠度。
16. 挤入柠檬汁，撒入切碎的酸黄瓜、凤尾鱼和剩下的10克莳萝，制成蘸酱调味即可。

单的方法就是买一瓶蛋黄酱（要买西式蛋黄酱，不要买日式蛋黄酱哦），然后根据口味在蛋黄酱中加入调味料。

准备这道菜的时候，我也遇到一些麻烦——买不到烘焙纸。于是，我们开车到荔波县，找到了当地最好的羊城饼屋蛋糕店。老板很慷慨地给了我几张吸油纸。录制过程中，类似这样的小状况也是层出不穷。但是，每次我们都能找到出手相助的好心人。这也是我喜欢在中国录节目的主要原因，那就是人与人之间的一份真诚。虽然这些吸油纸并不是最理想的选择，它比烘焙纸薄一些，但足以帮助我完成这道菜！

贵州　荔波 水扒村

她是家庭的凝聚力

和蒙奶奶一家人共进的晚餐,是我最近吃到的最暖心的一顿饭。当我端着鱼包柑橘出现在大门口时,我被眼前的景象惊呆了。白天空荡荡的老屋,现在满满当当的全是人。孩子们高兴地跑来跑去,屋子里充满了欢声笑语,生气勃勃。之后,大家都坐下来一起用餐,蒙奶奶介绍她所有的家人给我认识。

奶奶这个角色对于我们的生活是多么的重要,她是家庭的凝聚力。有奶奶在,就有家在。距离拍摄两周前,我还在英国。当时在我的奶奶家里,有我的姑姑、叔叔、堂兄弟以及我三个月大的侄子,三代同堂其乐融融。在整部剧集中,我特别想表达这样一个理念:我们的爷爷奶奶在不断老去,而我们应该尽可能多地陪伴他们,他们需要我们,而我们也更需要他们。

真是一个重感情的家庭

蒙奶奶的儿女都支持她的决定,不放弃老屋。他们似乎也想将这个价值观传递给下一代。当我和奶奶的孙子们聊天时,从孩子们的话语中我也能感受到,老屋对于孩子们来说有着很重要的意义。我喜欢传统得到延续,对于这群孩子来说,我相信,长大后的他们会怀念去奶奶家的这段时光。

这真是一个重感情的家庭。现今社会,我们似乎总是在追求新的东西,新车子、新房子,一切都要更好的。但是,我们正在失去那些金钱买不到的东西。社会告诉我们要推陈出新,不假思索地追求升级换代,殊不知我们现在拥有的可能就是最好的。我从蒙奶奶身上学到了太多的东西。我希望所有的人也能花些时间,考虑一下生活中什么是最重要,思考一下我们应该珍惜和抓住的到底是什么。

贵州 荔波 水扒村

黎平 肇兴侗寨

侗乡第一寨

肇兴侗寨位于贵州省黎平县境内，占地18万平方米，居民800余户，4000多人，是黔东南地区最大的侗族村寨之一，素有"侗乡第一寨"的美誉。肇兴侗寨的建筑风格十分独特，以鼓楼群最为著名。木质结构的鼓楼是吉祥的象征、兴旺的标志，是接待宾客、集会议事的要地，也是庆祝节日、唱歌休闲等娱乐活动的场所。鼓楼下方设有火塘，几乎一年四季都燃着熊熊的篝火。肇兴侗寨共有五团鼓楼，分别代表五种品德：仁团鼓楼（仁爱）、义团鼓楼（正义）、礼团鼓楼（礼节）、智团鼓楼（智慧）、信团鼓楼（信实）。五座鼓楼的外观、高低、大小、风格各异，蔚为壮观。因为侗族群众对树木的敬仰，鼓楼从外观来看像一棵大树，如同挺拔的雪松，代表着侗族民间传说中的雪松之王。一座巨大而华丽的鼓楼是侗族社区生活富足、民生幸福的标志。

当然，肇兴的特色建筑还包括花桥和戏台，都是当地群众休闲娱乐的地方。一般来说，花桥、戏台和鼓楼是配套建设的。花桥上设有走廊，方便过路人休憩纳凉。花桥的设计汇聚了古代建筑师巧夺天工的智慧，整座桥不使用一枚钉子，完全依靠中国古代家具的榫卯结构，其结实度足以抵御狂风暴雨。戏台的外观类似于木杆栏，是表演侗剧的舞台。

从水扒村出发，我们来到了250公里开外的肇兴侗寨。与水扒村不同，肇兴侗寨经过发展，已经成为一

个旅游核心景点。但是，我很好奇当地的侗族文化是如何延续下来的？通常，我对收售门票的村寨持相当怀疑的态度。虽然，这里有旅游巴士和纪念品商店，但肇兴侗寨的鼓楼群至今保留完好。一条主街，一条小河，这就是整个寨子。河道两边，有两排错落有致的杆栏式吊脚楼；甚至连纪念品商店也不是完全意义上的商业化，里面售卖着许多手工制作的纪念品。在这里生活的家庭还传承着靛蓝染布的手艺。

去肇兴侗寨走一走

我在村子里四处走着。首先映入眼帘的是一群老人家，他们坐在鼓楼下，聚堆儿看着电视。四条长凳，中间烧着篝火，电视屏幕上播放着当下最火的电视剧。老人们坐在那里，边聊天边看电视。这真是历史与时代的有趣结合。侗族一直将鼓楼作为其重要的聚会场地，夜晚来临时，大多数人都可以在家里看电视，但是对于丧偶或家人外出的家庭来说，在鼓楼下一起看电视能让他们感受到一份来自身边的温暖。有时候我想，一个人孤独地变老是多么可怕的一件事，但能看到这么多老人聚在一起，有说有笑，我感到特别欣慰。

我很推荐大家去肇兴侗寨走一走。但我希望旅游业的发展不会改变肇兴本来的面貌。这周边有几条特别有名的爬山路线，都在稻田附近，可以通往其他侗族村庄。当地群众能给游客提供多样的游玩路线，这一点真不错。在我看来，一个地区旅游业要想可持续的发展，关键在于旅游附加项目的可选择范围。让游客在尊重当地环境的基础上，体验民俗和自然风光。到了肇兴侗寨，可一定要去陆奶奶的餐馆，我保证你会感受到同样的热情招待。哦，对了，记得代我向陆奶奶问好。

贵州　黎平　肇兴侗寨

MRS. LU

陆奶奶

陆锦兰 69岁

———

性格：开朗活泼。
拿手菜：牛瘪汤和糯米饭

- 经历 -

　　陆奶奶退休前是侗寨里的小学老师，在那个年代也是受教育程度相对高的女性。

　　奶奶养育3个孩子，老大在前年不幸去世，留下了1个孙子，现在奶奶照顾着。奶奶还有1个女儿和1个儿子，都住在寨子里，育有2个孙子1个孙女。

　　当年，奶奶边工作边养孩子，可以说孩子是在奶奶背上长大的。奶奶和那个年代的其他人不同，她常常告诉丈夫自己对他的感情，有些人可能一辈子都没有说过的"我爱你"，但这却是奶奶常常对爷爷说的话。敢于表达自己和开朗的性格是奶奶的真性情。

　　爷爷身体状况并不太好，虽然可以自己活动但是并不能参与任何劳动。现在奶奶一个人经营着一家餐厅，主要接待游客。虽然忙起来有时觉得吃力，但是想到那个没有爸爸的小孙子，奶奶觉得自己有义务和能力去照顾他。

她的灿烂笑容很有感染力

　　第一次见陆奶奶，我就被她满满的正能量所打动，她灿烂的笑容很有感染力。上午，查德和杰西出去拍摄村里的日常，我便留在陆奶奶的餐馆，陪她边喝茶边聊天。属侗族仁团的陆奶奶非常健谈，跟我讲起她与丈夫相识的故事、她的日常起居、她的人生哲学和她作为一名教师的职业生涯。这一聊，我对接下来的拍摄就充满了信心。我敢肯定，观众们会爱上她乐观的心态。

　　陆奶奶的丈夫就坐在她身旁。奶奶一边和我聊着天，一边照顾着爷爷。爷爷寡言少语，不苟言笑。陆奶奶告诉我，爷爷的耳朵不好，已经几乎听不见了，以前话也不多的爷爷出生在侗族的义团，年少时参军，驻扎在昆明，后来才结识了陆奶奶。奶奶讲述着她俩相识、相知、相恋的故事，脸上洋溢着幸福的笑容。像陆奶奶这样的年龄毫不拘束地谈论着自己的爱情，在中国可不多见。她告诉我，相亲、定亲只用了半个晚上。那天，她的父亲走了30公里路来探望自己的女儿，让她回村去见见义团的一个青年。陆奶奶也没多想，就顺了父亲的意思，跟他回到村里。说到这儿，奶奶眉宇之间充满了年少时的活力，不禁咧嘴一笑。奶奶说，自己一眼就相中了这个年轻人。爷爷当年也是个帅哥，为人善良，很有礼貌。在当时，没有什么是比嫁给一个士兵更荣耀的事了。更何况，奶奶喜欢这个正直有为的年轻人，觉得他是一个很真诚的人。就这样，第二天早上在男方家吃顿饭，晚上再到女方家吃顿饭。没有聘礼就订了婚。他们结婚不久，爷爷就退伍回到肇兴，修缮了他们的房子，之后才改造成了一家餐馆。陆奶奶告诉我，当年很多人问她为什么嫁给爷爷，因为爷爷退伍后意味着失业，也没受什么教育。奶奶回答说："因为我爱他，他有没有工作对我来说并不重要。"

贵州　黎平 肇兴桐寨

我特别喜欢听陆奶奶的爱情观。一起生活了51年,爷爷和奶奶没红过一次脸,从来不会大声说话。老两口一直过着相敬如宾的日子,要是有什么不愉快,都会主动给对方留点空间。奶奶说,有的时候两人工作太忙,心烦气躁,互相都会让着点。爷爷一直很支持她的工作,他们的婚姻是建立在相互欣赏的基础上,不论是道德品质还是价值观方面。当年,陆奶奶认定丈夫是个善良可靠的人,这一点便足以赢得爱情和尊重。

她喜欢给大家做饭

陆奶奶教学生涯中的大部分时间是在肇兴小学。我能想象到陆奶奶作为老师的样子,因为在她身上有一种说不上来的气场。她说话慢条斯理的,平稳的语气令人言听计从。当我们在村里闲逛时,碰到了几个奶奶曾教过的学生,他们都已是成年人。大家都喊道"老师好",可她却让他们叫自己"奶奶"。

作为一名退休教师,大家都非常尊敬陆奶奶,但她总是那么谦逊,对每个人都特别和蔼友好,她一生勤劳耕耘赢得了人们的尊重。当年,全职工作的同时还抚养了三个优秀的孩子,早上起来便生火做饭给孩子们吃,赶在上班前把孩子们送到婆婆家,下班回家再给全家人做饭。孩子们睡着后,她会继续备课、改作文直到深夜。

2018年,陆奶奶的大儿子不幸去世。关于这个话题,奶奶只是提了几句便带过了。我知道,这对于奶奶来说仍然是一个很痛苦的回忆,不提也罢。失去儿子一直是她心中的痛,为了能从悲伤中走出来,陆奶奶平常都在餐馆里忙活。她和儿媳妇、孙子住在一起,照顾他们的日常起居。每天早上5点就起床,为她的米线店忙活早餐。

陆奶奶一直对烹饪喜爱,因为烹饪能带给她喜悦,她希望通过食物来传递更多的正能量。陆奶奶自己能独当一面经营餐馆,作为肇兴和侗族文化的代表,为游客提供服务,她喜欢给大家做饭。

奶奶菜谱 牛瘪汤和糯米饭 10人份

材料

牛瘪 500毫升	石菖蒲 2根	姜 40克	糯米（泡水3小时）
芹菜 10根	干辣椒 75克	花椒 1茶匙	500克
牛里脊 400克	红椒 4个	大葱 1根	栀子 6颗
牛肚 1个	青椒 3个	盐 少许	
牛肠 2根	绿尖椒 3个	油 200毫升	
大青菜叶 6片	橘皮 3个		

小插曲　　许多稀奇古怪的菜肴我基本都吃过，从生猪肉碎、虫子、蜜蜂到各种各样的动物内脏和血液，但这道菜绝对是我所学过的最奇葩的食谱之一：来自牛肚里的百草汤！我一贯的座右铭是：无论如何都要尝一口。所以这道菜肯定没得跑。老实说，菜品越奇特，我就越想学习做法、知道来历。其实，品尝陌生的菜肴，最重要的是调整好自己的心态。我们自己的心理障碍往往与味蕾有着直接的联系。

　　品尝了牛瘪汤之后，我得给大家说句实话，你要让我每周吃这个是不可能的！它的味道并不难闻，但需要后天培养才能适应。味道最强烈的实际上是芹菜，余韵类似浓重的甘草味。听到这里，如果你仍然想在家里尝试做这道菜，那么我真的要为你的烹饪精神鼓掌。无论结果如何，有一件事是肯定的，不管你是为谁做这道菜，他一定会记一辈子！当然，做这道菜的最大困难在于原料的采购。还有一个困

做法

1. 将糯米放入蒸锅中蒸18分钟或直到九成熟。
2. 栀子在水中浸泡20分钟。
3. 将泡栀子的水倒在糯米饭上,再蒸上2分钟。
4. 糯米均匀铺开,冷却,将泡栀子的水与糯米混合均匀。
5. 牛里脊切成细条。
6. 红椒和青椒切成细丝,芹菜切小块。
7. 干炸橘皮,直到出油。
8. 取一个干净的锅,倒入适量油,放入姜、葱、干辣椒、石菖蒲、橘皮和花椒炒爆香。
9. 出味后,加入牛里脊肉条。
10. 然后加入青椒、红椒、牛肚和牛肠,炒5分钟。
11. 用筛子过滤出杂质,倒入牛瘪汤。
12. 最后加芹菜碎、芹菜叶和大青菜叶,放盐调味。
13. 待至汤煮沸,这道菜就完成了。

难,牛肚必须是选食用新鲜草料的牛。如果这一点不能确定,那我不建议食用牛肚里面的东西。如果有很强的创新精神,也许可以试着用香菜汁或纯牛肉汤来替代牛瘪汤。如果成功了,别忘了和我分享一下食谱哟!

关于这道菜,我最喜欢的一点是它的用餐方式。手抓糯米饭和牛瘪汤出锅后,我们就送给坐在鼓楼旁的老人们。我们刚才就在离他们不远的花桥上做饭。也许,最真实的反馈来自当地人。他们并没有因为被打扰而影响看电视屏幕上正播着的《西游记》!看到大家吃得津津有味,我们也都很欣慰。这顿牛瘪汤将村民们凝聚在一起。

当然,我对这顿饭最甜蜜的回忆当属陆奶奶对丈夫的爱意。为了领糯米饭和牛瘪汤,所有的侗族居民都排起了队。眼瞅着锅里的饭就要见底了,这时,陆奶奶舀了一小碗汤和米饭,要带回去给丈夫吃。这,就是爱。

| 大米菜谱 | 肉丸子 (6人份) |

材料

牛胸腩 300克	孜然粉 2茶匙	红洋葱 半个	精白砂糖 20克
牛肩胛肉 300克	黑胡椒粉 2茶匙	红辣椒 1个	橄榄油 适量
牛腰肉 300克	欧芹 2茶匙	大蒜 8头	植物油 50毫升
猪肉 200克	番茄 13个	盐 少许	香菜 1束

小插曲

做肉丸子的初衷是因其既美味又便于分享。特别是看到村民们对牛瘪汤赞不绝口，竟然都排起队来。于是，我也想做一道大家都没见过的菜，复制这个景象。当然，我更想用这道菜感谢陆奶奶耐心的付出，感恩她给我们带来的正能量。她的一生为了家人、学校付出了太多太多。所以，我一定要为她做点什么。肉丸子这道菜是我最喜欢的美食之一，总是让我想起故乡的味道。如果制作时能注意一些小细节到位，这道菜真的是美味佳肴。

在家烹饪，首先要买到正确的肉。我精选了三块当地优质牛肉。三种不同部位的牛肉赋予这道菜完美的品质和口感。我还在肉丸子里加入猪肉末，肥而不腻。录制节目时，我用新鲜的番茄做了一个番茄酱，当然，你也可以直接用罐装番茄。我喜欢分两个阶段烹饪肉丸子，结合了中西方烹饪技术。高温先蒸后炸，外酥里嫩，口感饱满，鲜美有弹性。这道菜既可以搭配意大利面或米饭，也可以单独食用。

 奶奶最懂得

做法

1. 将三种牛肉剁成肉末。
2. 混合三种牛肉末,加入适量盐、孜然、欧芹和黑胡椒搅拌调味。再加入切碎的红洋葱。
3. 在番茄底部切一个"十"字。
4. 番茄放开水中烫几分钟。
5. 将番茄取出去皮。
6. 在平底锅中,倒入适量橄榄油和蒜瓣,点火,放入去皮的番茄。用勺子将番茄压碎成酱。
7. 在番茄酱中加入红辣椒碎。用砂糖和盐调味出锅,备用。
8. 将猪肉也剁成肉末,混合牛肉馅,用手揉5分钟,直到变得有点黏。
9. 分成许多小肉丸。
10. 将肉丸放锅中蒸约6分钟,直到八成熟。
11. 取一个煎锅,点火热锅,倒入适量植物油,加入肉丸,煎至微焦。
12. 用厨房用纸将肉丸多余的油水吸干。
13. 把肉丸加到番茄酱里。
14. 一起再煮几分钟后,出锅入盘,撒香菜碎即可。

贵州　黎平 肇兴桐寨

来自仁团的匠者仁心

陆奶奶和邻居们围坐在鼓楼下的篝火旁。她们正唱着侗族传统歌曲，余音绕梁。我带着做好的肉丸子送过去给大家品尝，大家反响都还不错，看起来还挺受欢迎的。

听着当地妇女唱起家乡的歌，我突然觉得有些伤感。刚见到陆奶奶时，她跟我说过，侗族文化习惯用歌声表达爱意和喜悦之情。自从儿子不幸离世，她就再也没有心情唱歌了。歌声是骗不了人的，是内心真情的流露。我很尊敬陆奶奶，她一生只为无私奉献，不求任何回报。她用爱感染了许多人。这不，她边笑着，边帮忙给大家分肉丸子，确保大家都能吃饱。陆奶奶是来自仁团的匠者仁心。

寻找更多的美食

拍完贵州这一集,给我留下印象最深的就是两个村庄的巨大差异。这让我想到了农村的可持续发展性。保护传统文化的最佳模式是什么?是完全保留村寨原有的样子,不加以任何现代化的改造,结果导致当地村民不得已搬离这个村寨?还是,彻底打造成以游客为中心的旅游景点,不计当地人的感受?这两者之间似乎很难找到平衡。其实,稳定的经济对一个地区的长期发展至关重要。通过旅游带动当地经济,提高当地人的生活水平是留住居民的很重要因素。以尊重传统文化的方式保护民俗,可以带动经济的繁荣,为当地居民带来持续的正面影响。当然,这个问题没有完美的答案。

对我来说,作为一个来体验生活的外乡人,我喜欢观察农村的发展,去了解农村改造对当地人生活的影响。我一定会回到贵州,去探索更多的村庄,寻找更多的美食,我期待看到这里变得越来越好。

广西
GUANGXI

昭平 黄姚古镇

梦境家园

　　黄姚古镇位于广西昭平县东北部,距阳朔150公里,属喀斯特地貌。发祥于宋朝年间,有着近千年的历史,溪水横贯,独具广西魅力。由于镇上以黄、姚两姓居多,故名"黄姚"。黄姚古镇人口约5万,行政辖区的面积覆盖了周边许多小村庄。现今大多数居民住在新区,古镇仅有约2000人。

　　走在黄姚古镇上,一种静谧的感觉油然而生,使人心境平和。清一色的石板路,街巷中古朴典雅的民居,仍然保留着数百年前的模样。从20世纪90年代末开始,黄姚古镇作为旅游目的地得到发展,被评为中国最值得游览的50个景点之一。清澈的溪水蜿蜒贯穿着整个古镇,几座古朴的石桥错落有致,是观景绝佳之地。从风水上讲,黄姚是理想的居住之地,素有"梦境家园"之称。镇上有二三十个祠堂,其中五个主要的宗祠分别属于郭、李、陈、王、吴姓家族,他们在黄姚居住了数百年。

像是回家了一样

  黄姚给我的第一印象是一座古色古香的小镇。这里群山环抱、小桥流水、古树参天、翠竹掩映，走在鹅卵石铺就的街巷上，踱步于百年祠堂之间，仿佛时光倒流一般，独具韵味。在古镇里溜达上一圈，用不了半个小时的时间，就能摸清楚这里的方位。古镇依山傍水，四周被翠绿雄奇的山峰所环抱。我们逗留的这段时间，天一直下着小雨，云雾笼罩着山峰，增添了一份神秘感，像是在诉说着千古流传的动人故事。

  在黄姚拍摄的这段日子，我感到十分亲切，仿佛回到了我的故乡——香港。天气是其中的原因之一。从地理位置上看，这里距离香港只有300多公里。不仅气候一样，就连当地的许多食材也让我联想到自己儿时的时光。摊子上售卖的豆腐花、豆豉和辣椒酱，都是典型的南方风味。黄姚当地的方言听上去很接近广东话。所以，见到

这一集中的两位奶奶时,我立刻就感到特别的亲切,像是回家了一样。

黄姚古镇仿佛在时刻地提醒着人们它悠久的历史。每天,当地村民都要去祠堂里烧香,祠堂是对外开放的。来黄姚旅游不妨去古镇的祠堂里看一看,向前人致敬,追忆逝去的时光。

在古镇里逛逛,你会在许多商店里发现当地特色的农产品。可别怪我没提醒你哦,来这之前可一定要准备个大箱子,要不然可放不下黄姚这么多土特产!

镇上经常有画家来这里采风,他们三五成群,坐在石凳上,描绘出一幅幅美丽的画卷。如此度过午后时光,该是多么美好啊!可惜,我手笨不会画,真是浪费了大好的时光!但是如果你喜欢画画,那真的要来黄姚古镇小露一手。

MRS. YANG

杨奶奶

杨碧珍 82 岁

———

性格：开朗，热情，好客。
拿手菜：香芋扣肉

- 经历 -

在古镇的水井边洗菜的杨奶奶吸引了我的注意力，她稳稳地蹲坐在水井边，仔细地一片一片梳理菜叶，再整齐地码放在筐内，那种细致和耐心是我很久没有看到过的。

杨奶奶的普通话很好，在古镇生活了一辈子，作为家中老三还有幸上学读书。杨奶奶贤惠温柔又健谈，她跟我讲起已经离世五年的老伴儿，曾经在广东务工，现在她一人在家照顾子女。

今年已经 82 岁的杨奶奶依旧坚持自己种地，每天给家人采摘新鲜蔬菜。

看上去一点也不显年纪

奶奶的性格活泼好动,看上去一点也不显年纪。虽然思维敏捷但说话慢条斯理的,脸上总是带着亲切的笑容。聊起她的生活时,奶奶可以清楚地说出五六十年前的人名、故事和具体细节。我佩服得五体投地,真想知道杨奶奶保持年轻的秘诀是什么!

她的生活方式很健康,饮食主要以蔬菜为主,食材简单但品类多样。杨奶奶认为乐观的心态是最重要的。82岁的她特别喜欢跳舞。每天,她都和伙伴们随着音乐翩翩起舞,不论是马路两旁、院子里,还是古镇广场上,到处都能见到她们舞动的身影。中国的老年人特别喜欢强身健体,这一点我深有体会。走过这么多乡村,最受欢迎的要数广场舞,不计其数的老年人积极参加户外锻炼,晚餐后在公园里散步。这样的景象在中国似乎很常见,但在许多西方国家却不多见,其中也有许多原因。强身健体使得中国人的平均寿命显著提高。杨奶奶说,82岁在当地根本算不上老人,这里真正的老年人平均能活到100多岁呢。

保持年轻的另一个重要因素是思维活跃。现今,老年痴呆的患病率日益增长。因此,经常动脑,保持思维活跃,并且了解如何保持头脑健康就显得至关重要。杨奶奶每天都闲不住,她喜欢找人聊天,这是她保持思维敏捷的方法。我和杨奶奶一起聊天的时候,她的电话几乎就没停过。一会打过来询问奶奶吃了饭了没有,一会打过来问奶奶几点回家。不难看出,奶奶的家人对她十分关心。跟杨奶奶聊天后,你会发现她是一个特别积极而乐观的人。但当我了解到她背后的故事时,我对她更加产生了钦佩和敬仰之情。

广西 昭平 黄姚古镇

过去，杨奶奶的家并不富裕，家里的长者都在外地打工，留下年少的她，从十二岁起就要学着独立，自己做饭吃。15岁那年，奶奶的父亲不幸去世。奶奶不得已辍学，开始在附近的采石场打工，贴补家用。采石场的工作可不是什么清闲活儿，经常要搬运很重的石材。在描述那段艰辛的日子时，奶奶一直面带着微笑，眼睛里闪烁着幸福的光芒。她的表情与她所描述的故事极度矛盾。回忆起过去艰难的日子，奶奶竟然能如此坦然自若，真是令人难以置信。在父亲去世后不久，她遇到了自己的丈夫。她笑着跟我说，当年爷爷经常写情书向她表示爱意，但奶奶怕耽误养家，一直回避爷爷。就这样，她让爷爷足足等了三年，才最终同意嫁给他。那年，她十八岁。夫妇俩在1981年搬回黄姚古镇，回来照顾爷爷的弟弟。老两口一共抚养了五个孩子，都住在黄姚地区。

享受属于她的生活

五年前，爷爷不幸离世。当杨奶奶跟我描述爷爷去世的过程时，真让我有点不知所措。她把每一个细节都告诉我。有一天，爷爷躺在床上，突然一口血吐到了奶奶身上，随后就被送到了医院。在最后的时刻，孩子们都围在爷爷的床前，他挣扎了几下，便离开了人世。听到这，泪水模糊了我的双眼。平时又蹦又跳的杨奶奶，欢声笑语不间断。可在她笑容背后，竟隐藏着如此悲伤的故事。爷爷对她说的最后一句话是关于孩子们的，希望大家都能好好地生活，积极地面对美好的未来。大家用爷爷留下的钱，把老房子改造成了现在的民宿。

拍杨奶奶的镜头真是特别得轻松。她真是能让我一会儿笑，一会儿哭。她说过的一句话总结了她对待生活的态度。我问奶奶对于拍片有什么感想。杨奶奶回答说："拍片很有趣啊，我为什么要紧张呢！""我也活不了多久了，所以只要活着，我就要享受，我就要跳舞！"如今，每天下午都是杨奶奶跳舞的时间。儿媳妇每天在民宿里为她做饭吃。辛苦了一辈子的杨奶奶，终于可以放松下来，享受属于她的生活。

这就是生命的轮回。为人父母时，只要能为孩子创造更好的条件，什么事都愿意干。当人年迈时，也希望自己的孩子能反过来照顾自己。对于这一点，每个国家的文化都有着自己的诠释。但其中的道理是不分国界、不分地区的，是人类骨子里的东西。我的父母也即将退休，我经常会想，自己该怎样做才能报答他们对我的养育之恩。如果我能像杨奶奶的孩子们那样，照顾我的父母，估计他们会更高兴吧。说到底，作为儿女最重要的就是陪伴自己的父母，与他们一起度过美好的时光，让他们感受到被重视，感受到你的爱。

香芋扣肉 (6人份)

材料

芋头 400克
五花肉 500克
小葱（葱白）14根
盐 1茶匙
红糖 1茶匙
老抽 1茶匙

植物油 1升
小葱（葱叶）4根
肉桂皮 1小根
黑豆蔻 半个
八角 半个
姜 40克

腌料

三花酒 75毫升
腐乳 1块半
冰糖 75克
麦芽糖 1茶匙
南乳 1小块
醋 3茶匙

五香粉 2茶匙
盐 2茶匙
生抽 2茶匙

小插曲　　学习香芋扣肉的过程可谓记忆犹新，这其中的原因也有许多。刚一开始，我就意识到与老年人录制烹饪节目的独特性。首先，杨奶奶就说自己已经不下厨了。能看得出杨奶奶说这话的时候，心里美滋滋的。对于她来说，现在有人给她煮饭是一件特别幸福的事，说明生活品质提高了。尽管有的时候她也手痒痒，但总的来说，她还是很乐意享受别人给她做饭的。然而，好久不做饭意味着奶奶的手生了，而且她又是那么的健谈，再加上82岁的高龄，所以我觉得录制将是一个相当漫长的过程。

　　进度真的实在是太慢了，最后我们决定分成两天拍。我们怕累着杨奶奶，所以做好腌料、煮好五花肉后，第一天的录制就结束了。我们把所有的东西都放进冰箱，第二天再接着拍。

 奶奶最懂得

做法

1. 芋头去皮，用刀把儿捣葱白，直到发黏。
2. 切掉芋头的两端，中间斩断，切长方形的厚片，厚度约2.5厘米，备用。
3. 在一个大碗中，将捣黏的小葱与所有腌料混合。
4. 将去皮的五花肉整块用沸水煮30分钟，如果筷子能不费力的扎透猪皮，就是熟了（记住奶奶的话，"筷子是师傅"）。
5. 用刺针在煮好的肉上扎一些小孔，扎的孔要深一点，这样可以更入味。
6. 将1茶匙盐均匀地撒在五花肉上，用手按摩至吸收。
7. 再撒上红糖，用同样的手法按摩吸收。
8. 最后将老抽均匀地涂抹在五花肉的表面。准备工作完成。
9. 把肉豆蔻、肉桂和八角切碎备用。
10. 姜用刀把儿捣碎。生姜无须去皮，这样姜味更加浓郁，营养丰富。全部加入腌料碗里。可以根据个人喜好进行调味。
11. 将芋头片放入锅中炸至金黄色、浮起，捞出备用。
12. 用同一锅油，放入五花肉炸三四分钟，或直到五花肉炸呈金黄色，外皮酥脆。取出控油待凉。
13. 把炸好的芋头片放到搅匀的腌料碗里。
14. 将五花肉切成2.5厘米宽的厚片，与芋头片等宽即可。
15. 将肉片放入腌料中，与芋头片一起在腌料碗中拌匀，使每一片都涂匀腌料。
16. 一片肉、一片芋头的排列方式整齐地放入蒸碗里。
17. 在蒸碗里，均匀地淋上剩下的腌料，小火慢蒸1小时。
18. 将蒸碗取出，扣入盘内，撒葱花即可。

其实，我还是挺享受这段时光的。曾几何时，一道2个小时就能完成的菜谱却花了两整天去做呢？这一次，我们按照杨奶奶的速度，按部就班地准备每一个步骤，这种感觉还是挺有意思的。另一个让我记忆深刻的原因是炸芋头片的时候。这个场景真的像坐过山车一般，有欢笑，有泪水，有翩翩起舞，有畅所欲言。伴着嘈杂的电音舞曲，杨奶奶在一旁蹦迪，而我也随着音乐的节拍炸着锅里的芋头片，将拍摄推向了高潮。我俩都沉浸在音乐中，笑得前仰后合，根本没注意到滚烫的热油正在不断地翻腾，跟我们一样越来越嗨！等我们看到时，为时已晚，整锅油都溢出来了，炉子上、桌子上、地板上到处都是。说起来还真是幸运，没出什么意外。这下可好了，拍摄又被推迟了。我们花了45分钟时间清理桌面，擦洗地板，重新布置了一下现场。杨奶奶在一旁咯咯地笑起来。真是有惊无险啊！

| 大米菜谱 | **Laing（五花肉配椰奶芋头叶）** | 6人份 |

材料

五花肉 300克	生姜 50克	海米 1茶匙	椰奶 400毫升
芋头 300克	大蒜 3头	虾酱 3茶匙	橄榄油 30毫升
芋头叶 120克	红洋葱 半个	小红辣椒 2个	盐 适量

小插曲

Laing（五花肉椰奶芋头叶）是来自菲律宾菜系，就像杨奶奶的食谱一样，它将五花肉的咸味和芋头的甜味完美地结合在一起。这道菜的灵感来源于一位非常重要的奶奶，她对我的生活有很大的影响。这部剧集的拍摄过程中，我一直想做一道菲律宾菜。

我从小就有一个保姆Aida，从我3岁到17岁，她一直和我们住在一起。她就跟我的家人一样，也正是因为她的缘故，我从小就喜欢做饭。每次，我和保姆一起在厨房做饭的时候，她都会鼓励我尝试新的搭配。而我经常搞得一团糟，她就用菲律宾语跟我说，"Ay Nako（真讨厌），大米，你弄得太乱了！"如今，每当我在厨房弄得一团糟时，我的脑海里总能听到她的声音！我从小就吃她做的饭长大，因此，菲律宾菜对我的影响十分深远。是Aida让我踏上了美食旅行家的征程。去年，我去拜访了Aida，她已经80岁了，跟她的孩子和孙子一起，住在菲律宾的一个小村庄里。

 奶奶最懂得

做法

1. 将五花肉放入沸水中煮15分钟。
2. 把芋头切成均匀的小块。
3. 蒜、洋葱、姜切碎。
4. 五花肉切小块，一口一块的大小，跟芋头一样。
5. 锅中倒入橄榄油，放大蒜和姜炒2分钟出香。
6. 加入五花肉，翻炒8分钟。如果锅太热，可加一点水。一直炒至猪肉呈金黄色，炒出猪油来，使肉质鲜嫩而不油腻。
7. 拌入虾酱。
8. 锅中加入芋头块。
9. 加入洋葱粒。
10. 倒入椰奶。
11. 撒上芋头叶。
12. 根据自己的口味，加入红辣椒。这次我只用了两个辣椒，但如果是我自己吃的话，我会用4个。可以整个辣椒放进去，也可以先切段再放入，增加辣味。
13. 在芋头叶上倒一杯水，帮助其软塌。
14. 加入海米调味。
15. 加盐调味。
16. 盖上盖子，用小火煮15分钟。随时检查是否需要额外加水。
17. 直到五花肉和芋头块变软，入口即化，芋头叶有一种奶油般细腻的口感，关火。
18. 入盘后再撒点红辣椒，配米饭上桌。

　　Aida对我的一生都会有举足轻重的影响，做这道菜也是我向她的致敬。我也很高兴能与杨奶奶分享这个故事。这道菜是我献给你的，谢谢你，Aida。

　　这真的是一道简单家常菜，用时不长，却暖人心脾。最有趣的是芋头叶的使用。据我所知，在中国很少用到这个食材。叶子本身有点苦涩，但与椰奶和虾酱一混合，口感得到了平衡，成为一道美味绝伦的菜品。我用的是菲律宾虾酱叫Bagoong。要是买不到的话，你也可以选择中式虾酱，味道是越浓越好！还可以将五花肉换成其他肉类或海鲜，比如虾。

MRS. GUO
郭奶奶

郭美妹，72 岁

———

性格：乐观，开朗，谈笑风生。
拿手菜：黄姚豆花、豆腐酿。

- 经历 -

郭奶奶在黄姚古镇土生土长。50 年前，从古镇上最有名的郭家大院嫁到吴家，可谓是风风光光、门当户对。守着丈夫的吴家宗祠，三四十年如一日地在门口卖豆腐花和甜酒酿。嫁人之前在郭家，就跟着母亲制作豆腐、豆花手艺娴熟。

奶奶是古镇的名人，每日晨起打扫宗祠，供奉祖先，与街坊邻居谈笑风生，不论是本地人还是游客都会慕名而来，尝尝"二婶豆花"的美味。每次宗室举办祭祖活动，二婶总是最忙碌的，捡柴烧灶，一锅一锅地制作豆腐酿和豆豉粉。

奶奶特别有福气，膝下有 8 个孩子，众多孩子都还在家族宗祠附近生活。奶奶爱好广泛，拥有一副好歌喉，即使在冬日生意最冷清的时候，也笑容满面。

奶奶最懂得

活泼开朗的郭奶奶充满了活力

郭奶奶是个很有趣的老太太,心地善良,笑容很有感染力,身上充满了正能量。她在古镇里生活、工作。见她第一面时,我俩坐在豆花摊前,对面就是她婆家宗祠的大门。闲聊中,我慢慢地了解了郭奶奶在黄姚的生活。郭奶奶养育8个孩子,也经历过苦日子,平均每晚只能睡三四个小时。尽管如此,活泼开朗的郭奶奶充满了活力。

从郭奶奶父母那一辈开始,就一直做豆花,一做就是四十年。郭奶奶从小就耳濡目染,在摊上帮忙。长大后,郭奶奶也跟随了父母的脚步,一直自己摆摊卖豆花,一晃也有四十年了。制作豆腐的过程是很艰辛的。在夏天旺季的时候,郭奶奶凌晨三点就要起床,黎明前就要准备好豆花和汤粉。到了早上七点,郭奶奶的豆花摊前就排满了人,争相品尝她家的祖传秘方。摊上还有当地的黄姚豆腐酿和辣椒酱,由她的女儿帮忙售卖。郭奶奶一整天都在摊上忙。旺季的时候,有时要忙到晚上九十点才收摊。郭奶奶现在跟女儿一家住在一起,除了豆花摊,她每天还要挤出时间为家人做饭。每天睡前,她都要浸泡好豆子,为第二天做准备。用吃苦耐劳这个词来形容郭奶奶真不为过。

每天坚持做豆花

郭奶奶说,她的母亲活到了106岁,也是每天坚持做豆花、坚持出摊。只要干得动,就一直干,这也是郭奶奶的想法。奶奶对待工作的态度真是特别让人感动。年过七旬的老人在凌晨三点起床,夜以继日地在摊上忙活,真是令人折服。只要过了奶奶的手,那事儿一定要干得漂亮。制作豆腐时,郭奶奶总是慢条斯理的,一切都是那么井然有序。我喜欢在一旁观察奶奶。她用自己的话描述着制作豆腐的整个过程,每一批豆腐的制作工序略有不同,这取决于当时的天气和温度等不可预见的因素。

广西 昭平 黄姚古镇

奶奶菜谱 豆腐酿 (6人份)

材料

南豆腐 1千克	盐 2茶匙	大蒜 3头
小葱 200克	大豆油 1茶匙	豆豉酱油 1茶匙
五花肉 600克	水 100毫升	花生油 3茶匙

小插曲 这段烹饪场面将永远保存在我的记忆中。我们坐在郭奶奶家的宗祠里,一起制作豆腐酿直到深夜。这次体验真是超乎我的想象!我感到特别荣幸,因为这种机会可不是天天都有。我真的要感谢郭奶奶,感谢她如此热情地接待我,给我传授了她的秘方。豆腐酿一出锅,浓郁的香气扑鼻而来,这道午夜小吃真是美妙绝伦!

纵观世界美食,豆腐与肉馅的结合有着各种各样的版本。从卖相来看,郭奶奶的豆腐酿绝对不是最惊艳的。但是正因如此,它才愈发具有魅力。这道豆腐酿无须精致;它就是一道最朴实、最美味的家常菜。还有特别值得一提的是,做豆腐酿的豆腐全部来自摊上每天剩下的豆花。这才是农村烹饪的精髓,没有浪费,用仅有的食材变着花样做菜。用剩下的豆花制成的豆腐酿,质地软嫩,口感极好。用一个大碗装上,舀上一勺美味的豆腐汤,配着咸味的蘸酱,味道真是妙!汤汁醇厚,鲜嫩爽滑,口味鲜美。这道菜是豆腐与肉馅、葱末、酱油的完美组合。

在家里尝试豆腐酿这道菜,可一定要找到当地最好的自制豆腐。这是豆腐酿

 奶奶最懂得

做法

1. 葱切末。
2. 五花肉剁碎,加盐调味。
3. 把葱末加入猪肉馅里,继续剁,混合均匀。
4. 把豆腐压碎成泥。
5. 用手抓一块豆腐泥,中间挖空,迅速塞入调好的肉馅,抹平成小肉饼的形状。
6. 将豆腐酿放入干锅里,开大火。
7. 然后加入少量油,将豆腐酿煎至金黄色。
8. 用铲子将豆腐酿分开并翻面,小心切勿弄碎。再煎5分钟。
9. 加水、加盐,盖上锅盖。
10. 一旦水烧开,关火装盘。
11. 将大蒜剁碎,加入酱油和花生油,作为蘸酱一起食用。

味道的关键。这道菜完全是郭奶奶手工制作,带着她一辈子的阅历与经验。用柴火烧出来的味道当然也有所不同,控制好火候也非常重要的。大火煎足够长的时间,将豆腐煎至金黄色,外皮酥脆,内里爽滑。我特别喜欢这道菜中豆腐与肉馅的比例,豆腐占了大概七成以上,肉馅只是用来提香,提升口感。使用当地生产的优质酱油和花生油也为酱汁添加了别样风味。

广西 昭平 黄姚古镇

豆腐布丁 (4人份)

> 大米菜谱

材料

豆腐 1千克	樱桃 100克	黄油 1茶匙	海盐 1小撮
黑巧克力 500克	草莓 200克	白糖 40克	
白巧克力 400克	蜂蜜 2茶匙	核桃 200克	
百香果 4个	干橘片 3个	小苏打 1茶匙	

小插曲　　录制这道菜的过程特别有趣，就在头一天晚上，我还计划着做豆腐咖喱饭呢！但是，之前我已经为杨奶奶做了一道类似咖喱的菜。而且，郭奶奶家还有小孙子，咖喱可能并不适合孩子的口味。经过讨论，我们认为做一个简单又易分享的甜点会是一个更好的选择。做这道甜点需要许多巧克力，于是我逛遍了黄姚所有的商店。可惜，巧克力在当地不大常见，一个商店里最多只有几块。所以，我的锅里放了至少三种不同品牌的巧克力！

　　这道甜点中，巧克力与豆腐的混合比例尤其重要。想要获得巧克力浓郁的香味，又不能完全掩盖豆腐的鲜嫩。我不得不承认，给郭奶奶做这道菜时，我其实有点紧张。尽管郭奶奶不像那种直言不讳的人，但我对自己的烹饪技术有很高的要

做法

1. 黑巧克力放入碗中，炖锅里加水，隔水小火煮，缓慢地融化巧克力。
2. 在一个大碗中，将融化的黑巧克力和一半豆腐混合。
3. 同样的方法，将白巧克力融化后与剩下的豆腐混合均匀。
4. 在白巧克力豆腐布丁中加入百香果。
5. 制作核桃脆：将糖、蜂蜜、黄油、水、盐和小苏打放入一个小平底锅中，与干橘片混合。
6. 中火加热锅中的混合物，直至开始冒泡，变为金黄色。注意火候，不要烧焦。
7. 加入核桃。
8. 充分搅拌混合均匀，倒在防油纸或锡箔纸上。冷却成形。
9. 把草莓和樱桃切成四等份。
10. 在一个小平底锅里放草莓、樱桃，3茶匙水和1茶匙蜂蜜。蜂蜜的用量可以根据水果的酸度来调整。
11. 煮5分钟或直到水果变软、开始冒泡。
12. 将黑巧克力豆腐布丁放在碗里，上面铺上一层熬好的樱桃草莓酱。将白巧克力豆腐布丁放在另一个碗里，上面撒百香果。
13. 将成形的核桃脆掰成一口大小的块，撒在布丁上。

求，所以特别渴望得到她的认可，毕竟她可是做了一辈子豆花的行家。让人高兴的是，郭奶奶很喜欢我的豆腐布丁。孩子们一开始有些羞涩，不一会就熟络起来，热闹地抢着吃豆腐布丁！与郭奶奶一家人共度欢乐时光，真是我的荣幸。

面对未来，笑看人生

不知不觉，就到了离别的时刻，我不禁回想起在黄姚古镇的时光。在这里，我遇到了两位了不起的奶奶，在两个令人难忘的场景中，学习了两个非常独特的传统食谱。两位奶奶有许多相似之处，她们都经历过家庭的变故，又都在困难的时期支撑着一大家子的生活，面对未来，笑看人生。

我从杨奶奶和郭奶奶身上学到了保持年轻的秘诀，那就是坚持多运动、多用脑。郭奶奶将坚持在自己的豆花摊上，直到不能做为止；对于杨奶奶来说，她将继续跳舞，直到跳不动为止。两位奶奶都有孩子们照顾着，生活中充满了亲人的爱和家庭和睦的喜悦。

在黄姚，我也观察到两位奶奶非常重视对祖先的祭奠，我对这个问题也有自己的看法。在英国，我们也有家族墓地，所以我也会跟黄姚的家族宗祠来作比较。依稀记得，每次我们回到英国，我的母亲都会去祖父的坟前扫墓，献上一束鲜花，有时我们小孩子也会和她一起去。最近几年，我的家人相继去世，我也偶尔会去给他们扫墓。每次去的时候，我的心情都沉甸甸的。不可否认，这就是我的根。为前人扫墓会让你想到自己的归属，祭奠家族的长辈，回忆他们对你现在生活的影响。而我，只是偶尔去扫墓的时候，才会产生这样复杂的情绪。对于奶奶们来说，每天都生活在宗祠里，这对她们的生活该是一种多么强烈的影响啊！

黄姚古镇的居民无时无刻不在铭记着自己的根基，感恩前人的付出。我的心里也挺愧疚的，对于先人的缅怀我做得不够。不过，缺少感恩之心的人大有人在。在城市里，一切都是转瞬即逝，我们习惯于忘记昨天，更不用说数年前的事了。尽管黄姚古镇正在经历着时代的变迁，但是家族宗祠的存在会一直影响着当地人的生活，告诫人们要有感恩之心。两位奶奶脚踏实地，以谦卑的心面对人生，值得我们每个人学习。她们过着朴实而又充实的日子，我祝福两位老人健健康康，享受天伦之乐。

广西　昭平　黄姚古镇

福建
FUJIAN

平潭 白胜村

如同一块沉睡的瑰宝

　　白胜村，一座位于平潭岛北部的小渔村。这里依山傍海，西面有尖峰山，东面有台湾海峡，占地面积仅0.65平方公里。白胜村民风淳朴、风光秀丽，如同一块沉睡的瑰宝隐匿在平潭岛中，等待着世人去探索。这里居住着650户人家，约2300人，主要以海洋渔业、海洋产品养殖业为经济来源。

　　白胜村毗邻海岸线，以田园风光和传统石厝建筑而闻名。因其特殊的地理位置，村子长年经受着风吹雨打的恶劣天气。平潭岛有着丰富的岩石资源，所以，这里的房子都是用石头砌成的。房顶铺了一层拱形砖瓦，每块瓦片上都压了一块石头，防止在暴风雨天气里脱落。

　　俗话说，靠海吃海，当地的市场里有各种各样的海产品，如牡蛎、海虹、蛤蜊、海扇、鱿鱼和章鱼等。夏季海鲜供应充足，村民们通常会冷冻大量海鲜以供全年食用。

仿佛置身于世界的尽头

白胜村无疑是整部剧集中最美丽、最独特的地方之一了。我一路上兴高采烈，迫不及待地想去探索关于这个小渔村的一切。

到达白胜村的时候，天已经黑了，可这一点也没有减弱我那股兴奋劲儿。寻找民宿的路上经过了几番周折，路上漆黑一片，村里的小路蜿蜒曲折，仿佛一直把我们往死胡同里带。周围异常安静，像是进入了冬眠一样，路上连个人影儿都没有，这还不到晚上八点呢。我们终于找到了旅店。站在阳台上，就能听到海浪拍打岩石的声音，多么美妙的旋律啊！空气中充满了海的气息，咸咸的海风，淡淡地吹，我的内心感到一份平静和祥和。或许，这是陆地带给我的一种安全感；又或许，是大海将我的思绪带到了遥远的远方。

在白胜村住的时间越久，我就越发喜爱这个岛屿。这里的生活节奏缓慢，人们

过着悠闲自在的日子，十分安逸。令人惊奇的是，旅游业还没有开发到这里。当地只有一两家餐馆和一家有六间客房的小型民宿。住在这里的几天，似乎从来没见过房东。这里的生活似乎被人按下了暂停键，或许这只是冬天的缘故。

  这是远离尘世浮华与喧嚣的理想乡。如果某一天，你想找个地方，不受外界的干扰，安安静静地读一本书，或者专注于某个研究，那不妨来白胜村待一待！每天清晨，被海浪声唤醒，赤脚走在洁白的沙滩上，望着远处满载而归的渔船，这感觉简直太惬意了，仿佛置身于世界的尽头！

  白胜村的建筑风格着实独特。花岗岩堆砌的民居看起来就像一个欧洲海滨小镇，石屋之间点缀着几间基督教堂，更是增添了几分异域风情。岸边，停泊着大大小小的渔船。远处，海天相交的水平线上，远处岛屿上风车的叶片缓慢地旋转着。我坐在那里，静静地望着远方。我特别期待接下来的拍摄，迫不及待地想要去了解当地人的生活，想去探一探那些隐藏在石墙背后的美食。

MRS. WU

吴奶奶

吴月梅 72 岁

性格：忧郁，意志坚强，有信仰。
拿手菜：八珍炒糕

- 经历 -

　　吴奶奶生长在平潭岛南部国彩村，1967 年嫁到白胜村。几年后，生下 3 个儿子 1 个女儿，婚姻第 17 年丈夫去世。一个普通的农村家庭，失去了丈夫这个唯一的劳动力，生活顿时陷入无边的困苦。奶奶就一个人守着这曾经和丈夫一砖一瓦建起来的老屋，独身一人一住又是几十年。

　　进门的客厅内，小竹凳和石臼都在，厨房里的柴火大锅和碗筷也在。问起奶奶孤单吗，她笑着说："习惯了，有时也去教堂参加聚会，大家在一起就不孤单了。"说着这些，奶奶的眼睛湿润了。这座老屋仿佛跟奶奶一样等着家人团聚，等着厨房里炊烟再起。

奶奶有自己的生活方式

吴奶奶跟我之前遇到的奶奶们都不一样。她性格比较复杂,需要花时间才能理解。她之前经历过长时间的悲伤和痛苦,对她的性格产生了极大的影响。吴奶奶年少时,是个乖巧漂亮的小姑娘。20岁那年,她随了父亲的意愿嫁到白胜村。那时,她要照顾丈夫家里的11口人。婚后的10年里,吴奶奶和丈夫共育有4个子女。后来,一家人搬到公婆家的大房子里住。这对勤劳的夫妇用自己的双手,给老屋修整了一番,期待着接下来的美好生活。可惜,命运捉弄人,原本快乐祥和的家被现实残忍地夺走了。丈夫英年早逝。只剩下吴奶奶一个人抚养4个年幼的孩子。那年,吴奶奶37岁,最大的孩子17岁,最小的只有7岁。说到这,吴奶奶不自觉地耸了耸肩,说道:"是我运气不好而已,我的命一直不好。"

4个未成年的孩子每人一天只够喝一碗米粥,连上学的钱都没有,这样的日子真是无法想象。吴奶奶靠修补渔网维持生计,每天都工作很长时间。她不在家时,年龄最大的孩子负责做饭、打扫卫生、修修补补,照顾弟弟妹妹。当时,生活压力特别大。如今,孩子们都长大成家了,离开了白胜村,住在不同的城市里,留她一人独自生活在石墙老屋,成了一个空巢家庭。奶奶解释说,孩子们搬走的原因是因为白胜村没有工作机会,更没有学校,没办法在这里抚养下一代。孩子们也不经常回白胜村,有一个孩子已经十多年没回家了,她甚至习惯了一个人过春节。吴奶奶的孩子们曾经试图让她搬进城里住,但她从来没想过要离开白胜村,这里是她的家,是她的归宿。奶奶有自己的生活方式,她的一切记忆都在这里,她不愿意走。让她留恋的是这里美丽的自然风光、清新的海风,和那个她亲手建起的家。在白胜村,她过着平静安详的日子,这是城市里没有的。

福建 平潭 白胜村

她是一位安静祥和的老奶奶

吴奶奶的一句话一直萦绕在我的心头。她说："过去的事就让它过去吧，没有必要再去伤感。"这句话足以证明，吴奶奶找到了内心的平安。她不再想回忆过去，而是专注于享受现在的生活。

跟吴奶奶待在一起的时间越长，我就越发了解她的性格。她是一位安静祥和的老奶奶。见到她，你会想要给她一个大大的拥抱，想方设法地逗她乐。然而，我最终发现，原来吴奶奶已经不再悲伤了。这其实是一个特别容易犯的错误，我们经常会通过面部表情或行为举止，去猜测这个人的情绪。但是，经历过这么长时间的悲伤，吴奶奶的表情已经变不回去了。真是不能以貌取人啊，这一点很重要。每个人都承受着自己的故事，这些经历深深地印刻在我们的眉宇之间，藏在性格之中。所以，我们应该尽最大的努力去理解、包容每一个人。也许，吴奶奶看上去很忧郁，但她仍然用自己的方式笑对人生。奶奶说话的方式也让人觉得她有些悲伤，她常常叹气，对生活有些消极。她经常会说"没办法"或"就是这样"，这些词像是听天由命，很悲观的感觉。然而，就像她的面部表情一样，这就是她的性格。起初可能很难让人接受，但慢慢相处之后，我又觉得吴奶奶很讨人喜欢。

跟吴奶奶的交谈中，能明显地感受到信仰占据了她生活的一大部分。这么多年来，尽管孩子们不在她身边，但她不会感到孤单。吴奶奶每周去三次教堂，村里的许多老人也是如此。有一次，我陪奶奶一起去了她的教堂，想要进一步了解村里的生活。我惊奇地发现，教堂里聚集了特别多的老奶奶，多半是丧偶。她们一起祈祷，一起讨论着家长里短。尽管我没有宗教信仰，但我能理解信仰能帮助人，给生活赋予新的意义。尤其是遭遇变故时，信仰似乎能给人力量。无论是佛教、基督教还是伊斯兰教，都有关于人逝去后的描述，这也能为老年人提供一些慰藉。对于吴奶奶来说，老屋里只有她一个人，教堂便成了她的家。这是一个安全的地方，一个充满爱的地方。吴奶奶告诉我，她花了36年的时间才重新找到快乐。36年的黑暗，我真的无法想象。这个故事让我学会换个角度看待生活。当你抱怨这一天多么糟糕时，有人可能正在经历着比你更残酷、更悲伤的事情。我发自内心地祝福吴奶奶，希望她能继续幸福地生活下去。

福建　平潭　白胜村

奶奶菜谱 八珍炒糕 ⑥人份

材料

蛤蜊 200克	胡萝卜 1根	干香菇（泡水）50克	地瓜粉 50克
虾 200克	生姜 1块	料酒 1茶匙	盐 适量
章鱼 200克	圆白菜 1/4	甜辣酱 1茶匙	
五花肉 100克	葱白 1/2	蚝油 1茶匙	
芹菜 5颗	小葱 5根	花生米 100克	

小插曲　　八珍炒糕真是一道极具特色的传统佳肴。一开始，桌子上摆满了各种各样的食材，我一时愣住了，这道菜到底会是什么味道？不禁在脑子里打了一个问号。奶奶说，她已经12年没做过八珍炒糕了。多年以前，每次儿子要出海捕鱼，吴奶奶都要做这道菜。她相信吃了这道菜，能保佑儿子平安，因为他一走都是好几天，在外面风餐露宿，八珍炒糕能让儿子回忆起家的味道。在当地，八珍炒糕一直作为节庆的菜肴，在特殊场合时吃。毕竟这道菜所需要的食材数量多，价格贵，烹饪过程也比较长。八珍炒糕可以搭配各种海鲜，市场上的新鲜海鲜都可以加进来。我俩一起做饭的时候，吴奶奶渐渐地敞开心扉，畅所欲言起来。原来，她也是个很健谈的人啊！尽管她的性格有些悲观，但随着拍摄推进，吴奶奶也开始享受整个过程了。每次她一开口，所有人都会聚精会神地听她讲话。我们俩的搭配也很默契，吴奶奶让

 奶奶最懂得

做法

1. 在五花肉上撒点盐，用手按摩至吸收，然后用热水烫一下。
2. 葱白、小葱切段，圆白菜切丝，生姜切片，芹菜、芹菜叶切小段。
3. 胡萝卜擦成丝。
4. 虾剥壳。
5. 将虾和章鱼切成一口大小的块。
6. 不要放油，小火炒花生米至金黄色出锅。放到一旁冷却，花生米就会变得很脆。
7. 在碗中，将地瓜粉与水混合，充分搅拌，备用。
8. 在大锅中，倒入适量油，放入一半葱白，煸炒出香味。
9. 将爆香的葱白倒出来，锅内放入五花肉，翻炒4分钟。
10. 倒入剩余的葱白和姜片，继续翻炒。
11. 加入切好的虾、章鱼和浸泡过的香菇。
12. 倒入料酒、甜辣酱、蚝油和盐调味。
13. 放入切好的圆白菜和蛤蜊肉。
14. 倒入足够的水，正好没过所有海鲜，煮5分钟。
15. 最后加入胡萝卜丝。
16. 盖上锅盖，煮3分钟或直到所有海鲜都煮熟。
17. 拿勺子尝一尝汤的味道，根据口味再调料。
18. 倒入调好的地瓜粉液体，不停地用筷子搅拌均匀。
19. 锅里的汤变浓稠时，放入芹菜、芹菜叶、小葱段，继续翻炒搅拌。
20. 最后加入花生米，大火翻炒均匀。
21. 倒入少许油，翻炒至表面呈金黄色。

我帮她打下手。在拍摄现场，我们有许多互动，非常自然，充满了和谐与欢乐！

这道菜真是色香味俱全，带有至极的鲜味，酥脆爽滑的五花肉与对虾、章鱼的搭配可谓相得益彰，圆白菜和胡萝卜丝的使用，让这道菜更健康，提升了营养价值。然而，这道菜的最后一个步骤实在是出乎我的意料！根据这道菜的名字也能推断出，它肯定不是汤品。地瓜可是当地有名的食材，家家户户都晒在屋外的门廊里。吴奶奶调好了一整碗地瓜粉，缓慢地倒进锅里，汤就立刻变浓稠起来，形成胶状，色泽晶莹有似玛瑙。出锅前，吴奶奶又加入了炒花生米和芹菜叶，这又让我吃了一惊。八珍炒糕可真是我从未见过的一道美味佳品。我接过一小碗，小心翼翼地吃起来。味道确实不错，但我这个人不会撒谎，它的口感我还真不大习惯！

整个烹饪过程着实让我着迷，这也是为什么我喜欢学做菜，因为在不同的文化里，同样的食材会有不同的搭配，不同的吃法。要是在西方，这道菜会被当作汤，而在白胜村它被当作炒糕。

福建　平潭　白胜村

西班牙海鲜饭 (4人份)

大米菜谱

材料

对虾 300克	干扇贝柱 2茶匙	大蒜 4头	干白葡萄酒 40毫升
鱿鱼 200克	盐 1茶匙	橄榄油 40毫升	豌豆 40克
章鱼 100克	番茄 2个	东北大米 200克	柠檬 2个
海虹 100克	红椒 2个	烤菜椒粉 2茶匙	欧芹 1把
干虾仁 2茶匙	红洋葱 半个	藏红花油 20毫升	

小插曲

思考食谱的时候，我脑子里只有一个想法，就是怎样才能把各种海鲜搭配在一起。我最喜欢的海鲜料理当属著名的西班牙海鲜饭（Paella）。八珍炒糕中用到的海鲜种类繁多，这令我惊讶不已。所以，我想让吴奶奶看看这些食材的另一种烹饪方法。当然了，我可一定得做一道秀色可餐的菜肴，这样才能逗吴奶奶开心呀。

做西班牙海鲜饭并不难，主要的原料是海鲜、藏红花、烤菜椒粉和自制虾仁高汤。说实话，东北大米我有点拿不准，因为一道正宗的西班牙海鲜饭需要搭配瓦伦西亚的邦巴米（bomba）或卡拉斯帕米（calaspara），它们属于短粒圆形大米，质地

做法

1. 将对虾剥壳，虾壳和虾头留着备用。
2. 锅中倒适量橄榄油，放入虾壳、虾头、干虾仁和干扇贝柱煎炒，倒入水，小火炖20分钟。加盐调味。
3. 在炉子上，将一个红椒直接放在明火上烤15分钟，直到完全烤焦。冷却备用。
4. 红洋葱和大蒜切碎，番茄切丁，剩下的红椒也切丁。
5. 锅中倒适量橄榄油，将切好的红洋葱、大蒜、红椒和番茄倒入，翻炒5分钟。
6. 倒入大米，与蔬菜翻炒均匀。
7. 用烤菜椒粉、盐和藏红花油调味。
8. 倒入干白葡萄酒和虾仁高汤。
9. 小火煮12分钟或直到米饭八成熟。
10. 将烧焦的红椒剥皮，去掉烧焦的皮和子，切成条。
11. 米饭八成熟后，倒入豌豆搅拌均匀。
12. 将米饭压实，迅速加入虾、海虹、章鱼、鱿鱼和红椒条，放在米饭上。
13. 盖上锅盖，关火闷10~15分钟，或者直到所有的海鲜都蒸熟。

坚硬，可以吸收大量水分。不过，东北大米也符合上述特点，所以我觉得还是值得一试——反正当时也别无选择，白胜村毕竟并没有进口的西班牙大米！

　　这道菜的特殊风味来自火烤红椒。有的食材经过火烤后，会发生很特别的反应，产生奇特的味道。烤出来的红椒甘甜，带有烟熏的味道。如果没法在明火上烤红椒，也可以用一个平底锅，不放油，大火煎；还可用烤箱烤20分钟。这些方法可能无法得到火烤出的甘甜味道，但它仍然会很好吃。这道菜中我使用了对虾、章鱼、鱿鱼和海虹，当然还可以加上鸡腿或鱼肉。如果想品尝一道纯正的西班牙美食，不妨加点兔肉。

这还不是最有趣的时刻

我做这顿饭的最主要目的是让吴奶奶开心。很少有人为她做过饭。她总是一个人吃饭,甚至在春节也是如此。于是,我暗下决心,一定要为吴奶奶做一顿饭,给她一个惊喜。

周日是基督徒做礼拜的日子,吴奶奶一般都会去当地的教堂聚会。这正好给了我们一个机会,为吴奶奶创造一个大惊喜。一大早,我就带着海鲜饭去了奶奶家。正如我们所料,吴奶奶不在家。杰克也跟去了教堂,帮我们观察奶奶的行踪,好为我们通风报信。可惜,正因为吴奶奶去了教堂,大门紧锁,我们进不去门了!只能到邻居家借张桌子。可是,问题来了,所有人都去教堂做礼拜了,竟然没有人在家。为了能借到一张桌子,我们挨家挨户的敲门,半个小时后,终于找到了一位在家看孩子的女士。她好心地把桌子借给我们。我们便搬着桌子,回到吴奶奶的院子。我和丽媛出去采了些野花,用塑料瓶剪了一个简易花瓶,摆在桌上。我们等呀等,过了一个多小时,一直盼着吴奶奶的身影出现在院子的拐角处。这时,我突然发现疲倦的自己不小心把罩衫穿反了。你能相信吗,经过一个半小时的

等待,就在我脱下罩衫的那一刻,听到了杰克的喊声!"吴奶奶回来啦!"就在这千钧一发之际,我迅速套上了罩衫,又不小心把麦克风从衬衫上扯了下来。我连忙整理好麦克,准时迎接吴奶奶回家!

这还不是最有趣的时刻。吴奶奶见了我,着实吓了一跳。刚一开始,吴奶奶还笑了一会儿。但当她走进院子,看到我精心布置的一切,竟然当面开始斥责我!"我跟你说过多少遍了,这些大虾不如小虾好吃!还有这些花,我一点也不喜欢!之前院子里长得到处都是,我不得已建了围墙才看不见它们!"我听了奶奶的训斥,却大声笑起来。这就是吴奶奶的说话方式,刀子嘴豆腐心。但我知道,她的内心是很高兴的,我的目的达到了。

这段时间的相处,让我觉得自己跟吴奶奶越来越亲近,还真有点喜欢上她这种嘴硬心软的性格。真希望能再见到她,再给她一个惊喜。下次可能不会再做西班牙海鲜饭了,再也不选礼拜天了,下次也要记得先穿好衣服!

福建 平潭 白胜村

MRS. LIN

林奶奶

林梅糖 67 岁

———

性格：有耐心，慈祥。
拿手菜：咸坩（时来运转）

- 经历 -

　　林奶奶与丈夫共育有三个子女，两个儿子，一个女儿。现在，老两口在家照顾三个曾孙女。

　　林奶奶的儿子早年技术移民到澳大利亚，每年都接爷爷奶奶过去探访，儿子很是孝顺。小女儿还住当地，小儿子是大学教授。

　　每周日清晨，奶奶从教堂出来，急急地要回家，因为家中还要照顾 3 个未成年的孩子，一个 2 岁、一个 4 岁、一个 8 岁。

林奶奶一直保持着沉着冷静

从整洁安静的吴奶奶家出来，步行五分钟下山就到了紧挨着白胜村的白沙村。这里是林奶奶的家，偌大的房子里住着林奶奶老两口和她的三个曾孙女。然而，这里的氛围可跟吴奶奶家截然不同，完全是另一幅景象。三个孩子活泼调皮，家里闹得就跟炸了锅似的。我有些担心自己的耳朵吃不消！

林奶奶和她的丈夫都是本村人，在1972年喜结连理。丈夫老实能干、脾气好，对老婆、孩子百般呵护。一提起自己的三个子女，林奶奶的脸上洋溢着由衷的骄傲和自豪。不难看出，她是一位慈母，充满着母性光辉。奶奶特别重视教育。在她眼里知识能改变人的命运，她的母亲就是这样教育她的。奶奶小的时候家里很穷，但母亲倾尽所有也一定要让林奶奶上学。整个拍摄过程中，林奶奶一直保持着沉着冷静。

其实，我一直想问的是，三个曾孙女为什么住在林奶奶家？她们在楼上不停地闹腾，会不会影响老人休息？林奶奶这才跟我们诉说了一段令人心痛的故事。林奶奶的孙女生下来智力有问题，长大后她远嫁到贵州一个偏僻山区里。可是，她的丈夫有暴力倾向。林奶奶的孙女就带着孩子们逃离出来，在城里找了份工作。可是在城里，三个分别是2岁、4岁和8岁的孩子没有人照看，安全得不到保障。林奶奶觉得自己有责任照顾曾孙女。她说："我们是血缘关系，照顾后代是我们的责任，是我们应该做的。"就这样，三个孩子搬到林奶奶家里一起住。在中国，爷爷奶奶照看孙子、孙女是一种相当普遍的现象。但是，帮忙照看曾孙女可是我头一回听说。要是算功劳，老两口已经为家族奉献了太多，从自己的儿女养到孙子辈，大可不必再为曾孙女费心费力。但老两口为了孩子，任劳任怨，甘心照顾三个曾孙女。

福建　平潭　白胜村

最喜欢吃的就是林奶奶包的咸坤

每个孩子都应当在一个充满爱的环境下茁壮成长，白沙村对于这几个孩子来说是最安全的地方。三个孩子是幸运的，她们的曾祖母愿意提供一个安全又舒适的环境，每天能吃到自己家种的新鲜蔬菜，在学校接受文化教育，这一切都是为她们能有一个美好的未来。但聊起三个孩子父母话题的时候，林奶奶几度哽咽，我也不便再多问。

林奶奶每天都围着三个曾孙女转，照顾孩子们的三餐起居，接送老大上下学。爷爷仍然会出海捕鱼，然后在市场摆摊，贴补家用。林奶奶自己也说，这三个孩子有些淘气，她和丈夫每天都很辛苦。但是，每当看见孩子们脸上天真烂漫的笑容时，这一切就都值得了。为了孩子，爷爷奶奶任劳任怨。孩子们最喜欢吃的就是林奶奶包的咸埘。每次，奶奶都做上一大锅，放一些在冰箱里冷冻。这样，只要孩子们想吃，林奶奶立马就能端上香喷喷的咸埘来。现在，咸埘也是我的最爱了！

这就是拍摄的挑战

当拍摄较为沉重的话题时，特别考验主持人的素质。就像林奶奶曾孙女的故事，对于我来说，这个度很难把握。首先，我要用中文充分的理解整个故事的来龙去脉，特别是要弄清楚中国家庭复杂的人物关系。其次，不论主人公是愿意袒露心声还是闭口不谈，我都会给予充分的尊重。做饭的同时，话题也越聊越深。有的时候为了拍一个镜头，我们可能需要打断奶奶说话，或者让她重复几遍，还真挺不好意思的。尽管录制这些故事有点偏离烹饪的主题，但这就是拍摄的挑战。最重要的是保持专业性，不仅要兼顾食谱的烹饪，还要关注人物本身和场景的气氛。

福建　平潭　白胜村

咸坷（时来运转） 6人份

奶奶菜谱

材料

猪瘦肉 100克	蒜汁 6茶匙	圆白菜 1个	盐 适量
海蛎肉 150克	姜汁 6茶匙	芹菜 6根	
章鱼 150克	紫菜 20克	地瓜 1千克	
蚝油 4茶匙	小葱 6根	地瓜粉 250克	

小插曲　　咸坷可不是一般的饺子。我非常喜欢它的味道，强烈推荐大家在家里小试身手。制作咸坷的关键在于地瓜面皮。地瓜粉与水和面，充满了食材的香味，甘甜软糯。用槌敲打面团，有助于分解其中的淀粉，增加口感和弹性。在家里做咸坷，没有槌的话，你可以试着用手和团；另一个好方法是用一个大号杵臼——就像泰国菜中做木瓜沙拉的那种。重点就是地瓜必须捣碎。还记得木梨硔的汪奶奶么？要是用地瓜面皮包进米粿的馅，味道肯定绝了！意大利菜系中有一道gnocchi，其实也是用地瓜面做的团子，但他们不放馅料，只是简单地将地瓜面分成小球，放进锅里蒸熟，配上酱汁享用。地瓜面不含麸质，对麸质敏感的人士可以试试哦。

　　咸坷的海鲜馅真是十足的美味。紫菜算是我最喜欢的食材之一，用到它恰到好处。它是海鲜的完美搭档，能吸收馅中多余的水分。馅料中搭配猪瘦肉能更好地提香，与海鲜相得益彰。混合之前，将每一种食材分别放入酱汁中腌制，十分入味。包咸坷时，最重要的是掌握好馅与面皮的比例。皮薄馅大，口感饱满，实属上品。

 奶奶最懂得

做法

1. 瘦肉剁碎，小葱切末，芹菜切段，章鱼切成一口大小的块。
2. 混合蚝油、葱末、芹菜叶、蒜汁、姜汁，倒入两个碗里，一碗用来腌猪肉，一碗腌制海蛎肉。
3. 用姜汁和蒜汁调成腌料，用来腌制章鱼。将圆白菜切丝，放入锅中煮几分钟直到变软。
4. 取出圆白菜，沥干水分；地瓜去皮，切小块。
5. 将切好的地瓜块放入锅中，用小火隔水蒸20~25分钟或直至完全变软。
6. 在炒锅里倒入适量油，倒入葱末爆香，然后加入芹菜，翻炒至变软。
7. 加入腌制好的猪肉、海蛎、章鱼和熟圆白菜。
8. 再放入紫菜，继续翻炒直到水分渐无，用盐调味；地瓜趁热捣成泥。
9. 慢慢地加入地瓜粉，用槌敲5~10分钟，直到形成一块柔软的面团（如果不够柔软，继续加地瓜粉）。
10. 把面团分成乒乓球大小的小球。
11. 撒适量地瓜粉，把小球压平，然后用手窝成一个圆形的小杯状面皮。
12. 舀一匙海鲜馅放入面皮中，用勺子背面将馅往里压一压。
13. 在手指上点少许地瓜粉封口，滚成一个光滑的球。
14. 在蒸笼里放一层圆白菜叶，防止咸坵粘在表面，蒸15分钟后，出锅入盘。

但是，如果没有掌握好面皮的厚度，那味道就会大打折扣了。

录制这个镜头时，我最喜欢的部分是能让林奶奶的曾孙女们也参与进来。我一直鼓励父母让孩子从小就参与到美食制作中来，这对于充满好奇心的孩子们来说，能帮助培养创造想象力。不仅如此，烹饪是一项生活技能，将来有可能成为一份职业，让人自食其力，又能养家糊口。父母的一句鼓励，不要怕孩子犯错，就能激发出孩子的无限潜能。做咸坵就特别适合这几个小朋友来帮忙。精力旺盛的孩子们总是坐不住，而烹饪能帮助她们集中注意力。其实，换作这几个孩子的角度想想，从小在老人家里生活，周围也没有年龄相仿的小伙伴一起玩耍，也挺不容易的。看着孩子们争先恐后地学做咸坵，我十分感动。年纪最大的孩子叫李志平，她特别聪明，对自己的两个妹妹关爱有加。我们四个人围坐在一起，有说有笑，一共包了40个咸坵，可现场也被我们几个搞得一团糟！不知道我这么说是不是在夸奖孩子们的手艺比我好，还是暴露了我自己的技术太差。总之，咸坵刚出锅的时候，我根本分不出哪个是我包的，哪个是孩子们包的。你可以在家试试做咸坵，手法可能需要一段时间的练习。但是，如果小朋友都能做到，你肯定也没问题！

福建　平潭 白胜村

| 大米菜谱 | # 平潭特色鱼派

材料

地瓜 600克	黄油 100克	盐 1小撮	莳萝 1小把
淡奶油 100毫升	面粉 40克	黑胡椒粉 1小撮	柠檬和柠檬皮 1个
鳕鱼 300克	牛奶 850毫升	红洋葱 半个	青豆 50克
对虾 200克	干白葡萄酒 40毫升	大蒜 2头	橄榄油 适量
鱿鱼 150克	干欧芹 2茶匙	新鲜欧芹 1小把	

小插曲　　我特别想用平潭当地的海鲜和地瓜，搭配出别样的趣味料理，展示给林奶奶一家人看。最后，我决定做一道平潭特色鱼派。这实际上是一道非常传统的英国菜，是我从小吃到大的美食。清香的柠檬汁、乳白色的奶油酱、美味的海鲜、软糯的地瓜泥，再加上新鲜的香料，近乎完美的搭配，最适合在寒冷的冬季享用。

　　特色鱼派由两部分组成，海鲜奶油酱和地瓜泥。还可以在海鲜奶油酱中随意搭配任意海鲜，各种新鲜的鱼肉、烟熏鱼、对虾、海虹肉、蛏子肉、扇贝肉都可以。只要将你喜欢吃的海鲜切成一口大小的块，加入奶油汁里就行了。这道菜的第二个部分是地瓜泥。通常鱼派搭配土豆泥，但是在平潭，就得入乡随俗，于是我改用地瓜泥。录制节目时，我身边没有马铃薯搅碎机。我只好用一个搅拌器替代。我建议使用专业搅碎机，这样做出来得地瓜泥口感更细腻！

　　在考虑这道菜的创意时，我遇到了一个麻烦。鱼派通常需要用烤箱，这样烤出

 奶奶最懂得

做法

1 地瓜去皮，切小块。
2 将地瓜块放入锅中，隔水蒸20~25分钟或直至变软。
3 趁热将地瓜块与20克黄油和淡奶油捣成地瓜泥。
4 洋葱和大蒜切末。
5 把鱼切片，清洗对虾和鱿鱼；把所有海鲜切成一口大小的小块。
6 在一个大平底锅中，放入剩下的黄油，加热融化后，加入面粉。
7 不断搅拌面粉和黄油的同时，慢慢倒入牛奶。
8 牛奶要至少分三个阶段倒入。
9 直到形成浓郁的白酱后，将火调小。
10 撒上干欧芹、盐和黑胡椒粉调味。
11 倒入干白葡萄酒，挤上点柠檬汁，加入柠檬皮，继续搅拌。
12 撒入切碎的欧芹、莳萝、洋葱丁和大蒜丁。
13 加入海鲜和青豆，继续搅拌。煮5分钟，直到所有海鲜都煮熟后，关火。
14 将做好的海鲜奶油酱倒入烤盘中。
15 上面摆上之前做好的地瓜泥，用抹刀磨平表面，提升质感；淋上点橄榄油。
16 用烤箱或火枪烘烤，至地瓜泥呈金黄色为止。

的土豆泥，金黄色的外表酥脆可口。但现在是在户外做饭，就甭想用烤箱了。我喜欢在户外烹饪的过程中寻找解决方案，剧组的人可能认为我疯了，可这就是我所擅长的，一切问题都难不倒我。我走遍了村里的大街小巷，找遍了每一家商店，向所有愿意听我解释的人说明了困境。最后，大家建议我去当地的五金店看一看。果不其然，我想要的东西就藏在店里最顶层的架子上。工业用火枪！真是功夫不负有心人。虽然没有经过任何食品安全性能检查，这个火枪还是派上了用场！当然，在家烹饪鱼派时，你可以用烤箱。比起火枪来说，烤箱可是安全得多。但老实说，火枪的乐趣可是烤箱比不上的。

当时，选烹饪场景的时候，我特别想在海边找个地方。在我梦想的画面中，远方摇曳着点点渔船，帅气的我在沙滩上烹饪着平潭创意料理。可是，拍摄的那天早上，我和瑞恩去海边取景，就发现了一个严重的问题——风太大了！我俩差点儿被刮跑了。真可惜啊，天公不作美。我只好放弃了梦幻海滩的场景，在宾馆附近的一个小露台上安顿下来。当地人喜欢在这里晒地瓜干。也许这就是命运的安排，这里的景色却出乎意料的好。在我的背后，成片的石头屋组成了一道亮丽的风景线。

福建　平潭　白胜村

奶奶的故事感人肺腑

在白胜村和白沙村度过的时光,远远超过了我对中国东部沿海地区的预期。从旅行目的地的角度来看,我喜欢这样静谧的村子,旁边就是一望无际的大海,这种感觉十分独特。说实话,我在中国从未见过这样的地方。不仅如此,在这里遇到的人,更让这段时光格外珍贵。

吴奶奶和林奶奶的故事感人肺腑,它不禁让我联想到生活本身的复杂性和脆弱性。尽管她们来自同一个小镇,但她们的生活却有着天壤之别。生活有时是残酷的,是不公平的。突如其来的灾难可能会改变几代人的生活,而多数时候,人类的力量却如此的渺小。吴奶奶的故事告诉我,悲伤可能需要很长的时间才能愈合,没有什么特效药。在命运的驱使下,吴奶奶过着孤独但平静的日子,信仰为她的生活增添了幸福和希望。跟吴奶奶一起拍摄的时候,我能感觉到,其实她喜欢有人一起做伴。渐渐地,她放下了心中的芥蒂,打开了沉闷已久的话匣子。有时候,老年人只是想表露自己的心声,被人倾听而已。令人欣慰的是,吴奶奶有自己的信友圈。听到奶奶和她的朋友们在教堂里聊天,我知道,她并不孤单。事实上,她的内心是满足的。

林奶奶的故事告诉我,一颗善良包容的心可以改变一个人的命运。老两口为三个曾孙女提供了一个安全的成长环境,为

她们未来的人生奠定了基础，她改变了三个孩子的命运。照顾孩子让老两口的心更加年轻了，这也是隔代亲所带来的好处。让老年人保持身心活跃，天天与孩子们在一起，仿佛也让他们找回了属于自己的童年。

这一集的拍摄对我自身也是一个很大的提高。作为主持人，我努力为两位奶奶提供展示平台，让她们能在这里分享自己的故事，同时还要尽可能保持节目的趣味性和积极向上的拍摄氛围。

福建　平潭　白胜村

海南
HAINAN

陵水 新村渔港

世世代代以捕鱼为生

陵水县位于海南岛的东南部，东濒南海，南与三亚市毗邻，西与保亭县交界，北与万宁市、琼中县接壤。陵水县总面积1128平方公里，人口约37万，包括黎族、苗族和水上居民等。陵水县始建于公元610年，属隋朝时期。海南建省后成立陵水黎族自治县，属于海南省六个自治县之一。

陵水县的经济发展远不如海口或三亚，也正因如此，当地的自然景观得到了很好的保护。群山云集，岛屿密布。走在绵延的海滩上，去探访深藏在热带雨林背后的一处处精妙绝伦，领略大自然的鬼斧神工。

新村渔港位于陵水县新村镇的东南部，拥有20多平方公里水域面积，是一个得天独厚的天然良港。"水上居民"是长年累月生活在海上的居民，他们世世代代以捕鱼为生。如今，超过一千个渔排成片的浮在水面上，4500多水上居民就居住在此，筑屋在渔排上。你能看到约有600座红色屋顶的海上小木屋，那就是他们的家。在20世纪90年代早期，有些村民将渔排改造成餐馆和养鱼场。

海岛生活独特的乐趣

刚来海南的时候,我并不知道要期待些什么。之前看过太多关于豪华度假村的广告。无疑,这里是一个颇受欢迎的度假胜地。所以,我的内心有些忐忑不安。但是令我没想到的是,原来海南岛这么大。这里的生活方式多种多样,民俗文化丰富多彩。一下飞机,我们就驱车出发,避开了人潮涌动的景点,沿途经过了城市、乡镇和村庄,穿越了肥沃的农田,顺着蜿蜒的海岸线,一路向南,来到陵水岛的南侧——南湾村。这里的景象可比我想象的要更富有乡村气息。南湾村发展有些滞后,几乎看不到什么游客,有一种特别平静安详的感觉。我在大街上四处走走,感受一下这个海滨小村的独特氛围。当时,天气很热,路上有不少沙子,两旁种着一排排椰子树。远处,水牛在稻田里耕耘,身上还栖着白鹭;孩子们在沙滩上自由自在地玩耍。我立刻就感受到了一股来自东南亚的气息,如同置身于巴厘岛的乡村,又像是在泰国北部的小镇。来到这里,人的心情自然就放松下来。对于我来说,海岛生活有着它独特的魅力,像是对心灵的洗礼。一路上,大家都穿着厚厚的外套、牛仔裤,里面还套着秋裤。这下,终于可以换上人字拖和短裤,享受这美好的夏日风情了。我借了一辆世界上最慢的电动

车,慢慢悠悠地骑在乡间小路上,探索这个有趣的村子。

海滩上,到处可见古董跑车,还有几个凉亭和一辆哈雷,更有一些造型奇异的摆设,这些都是拍婚纱照的道具。我们住在一个设施老旧的旅馆,也许昔日曾尽显风采的这座老旧旅馆与对岸富丽堂皇的高级酒店相比确显过时,但如果它的主人能多用点心,重新刷刷油漆,也许会更好。其实,从某种程度上来说,它也保留了自己独特的魅力,少了那些虚伪的做作。我想,相比于那些炫酷和时髦的地方,这里才会真正地让人放松下来。

当然,我也特别期待海南的美食。我们在平潭品尝了美味的海鲜大餐。到了海南,我倒想看看这里的海鲜有什么不同。我已经迫不及待地想要踏上那一排排漂浮着的渔排,去了解水上居民的文化,记录下这平静生活背后的故事。

来海南岛旅游,一定要去景点之外的线路走一走。去寻访当地的村落,体验海岛生活独有的乐趣。这里充满了鲜明的地方特色,不带有一丝人造的奢华。这是我第一次来海南,立刻就爱上了这里朴素的村民和可口的美食。

MRS. CHEN

陈奶奶

陈桂英 63 岁

性格：独立，坚强，
智慧，诚实。

拿手菜：气鼓鱼粥

- 经历 -

　　陈奶奶是水上居民，从小在渔排上长大。丈夫是一名医生，共育有三个儿子，都住在当地。

　　陈奶奶兄弟姊妹十个，迫于生计，她不得已年少辍学，在船上做清洁工。年轻时，陈奶奶在工作上也获得过骄人的成绩。她曾参加女子船队，对海洋有着深切的热爱，是一名优秀的女船员。

　　女子船队的捕鱼数量和生产能力一点也不输给男性船员的船只，这一点陈奶奶非常引以为荣。退休生活虽然较为平淡，但是除了朴实的生活之外，陈奶奶喜欢参加水上居民的文化活动，唱歌更是奶奶的强项。

生活在水上人家渔船上

在陵水的第一个早晨，我们登上"水上摩的"，驶进新村渔港。经过一排又一排的水上人家——在漂浮着的木质平台上，"水上居民"搭建起了一个个小木屋，两边挂着红灯笼，旁边晒满了刚洗的衣服，构成一道极富特色的海上景观。妇女们洗着衣服，孩子们口中朗朗的读书声，年轻人在一旁打理着渔场，港内机声隆隆，人来船往，一副喧闹繁忙的景象。不一会儿，我们就来到了陈奶奶儿子的船上。海南探险之旅便从这里开始。

中国真是地大物博，走的地方越多，我就愈发惊叹于这里文化的多样性。来海南之前我并不了解"水上居民"。陈奶奶穿着自制的传统服饰，站在渔排上迎接我们，陈奶奶先给我讲解了有关"水上居民"的历史。水上居民主要分布在广东、广西、福建、海南、浙江以及香港、澳门和越南的部分地区，以捕鱼为生。

陈奶奶从小就跟父母生活在水上人家渔船上，过着漂泊的日子。陈奶奶兄弟姊妹一共有十个，当时家里很穷，全家人只能靠着捕鱼维持生计。就像所有大家庭的孩子一样，陈奶奶小小的年纪就当了家。她是年纪最大的女儿，还不到十岁就得帮着母亲生火做饭，给弟弟妹妹们洗衣服。父亲英年早逝，更是加重了一大家子的生活负担。家里唯一的经济来源没有了，她不得已辍学，外出打工贴补家用，靠着勤劳的双手赚取微薄的工资。十八岁那年，她离开家，去叔叔的船上工作并生活。每天，她要清洁船上的排水沟，工时长又危险。陈奶奶却说，她喜欢这份工作，因为她热爱大海，在船上工作意味着既能出海又能谋生，何乐而不为呢？

现在过上了安稳的日子

通过不懈的努力，坚持与命运抗争，她终于走出了困境，嫁给了一位来自大陆的医生。70年代初，她卖掉了家里的渔船，决心离开海上那段漂泊的生活。现在，陈奶奶住在新村镇上，隔海就能望见她曾经住过的渔排。她的两个儿子继承了父亲的衣钵，在镇上的卫生所工作。另一个儿子在海港渔排开了一家餐馆。

年轻时备受艰辛，现在过上了安稳的日子。尽管陈奶奶已经在陆地上生活了多年，但她的身体里仍然流淌着"水上居民"的血液。她经常会去渔排探望儿子。不仅如此，她很喜欢参加水上居民的民俗活动，上台演唱传统民歌。她用歌声颂赞祖先的文化，歌颂他们英勇抗争的故事和乐观向上的精神。跟陈奶奶一起聊天，你就会发现她特别喜欢唱歌，经常不由自主地哼起传统小调。我想，唱歌是陈奶奶释放情感、回忆过去的方式吧。

当我们聊到美食的话题时，陈奶奶提到了当地家庭聚会的必备食谱——气鼓鱼粥。陈奶奶回忆起自己小的时候，每次喝这粥时，都要帮弟弟妹妹们剔掉鱼刺，给他们的碗里装上满满的鱼肉，最后浇上香喷喷的香蒜油。顿时，整个屋子都弥漫着浓郁的香味。这道菜充满了陈奶奶对童年时光的快乐回忆。

奶奶菜谱

气鼓鱼粥

材料

气鼓鱼 1条	干果皮 1片	海盐 3茶匙	蒜末 2茶匙
大米 350克	白胡椒粉 2茶匙	小葱 2根	香蒜油 3茶匙
姜片 4片	鸡精 1茶匙	当地蚝油 1茶匙	

小插曲

　　这道粥独辟蹊径，使用气鼓鱼作为食材，实属罕见。众所周知，河豚的毒性足以杀死30个人。当我听说这道菜谱时，我的第一反应是吃了会不会死掉啊！原来，海南的气鼓鱼是没有毒性的，它是剧毒河豚鱼的"憨厚大表哥"。不过，我还是有点担忧。然而，当我第一次亲眼见到气鼓鱼时，立刻就对它们产生了好感。圆圆的脑袋，鼓鼓的眼睛，圆滚滚的样子甚是可爱。越看它就越不舍得吃它！尤其是当它们"生气"的时候，身体鼓成了一个球，小圆嘴嘟嘟着，无助地吮吸着空气的样子，实在是招人喜欢。不论如何，我还是要尊重传统食谱，学习当地的食材配料，看看这道粥到底是什么来头。

　　气鼓鱼粥是困难时期的衍生品。用陈奶奶的话说，这可不是什么秀色可餐。像陈奶奶这样10多口人的大家庭，粥是每天的必需品。因为它营养丰富，易充饥，成本低廉，是穷人家的口粮，做起来简单又好吃。而气鼓鱼肉则是难得的加菜了。当年奶奶的家人捉到一条气鼓鱼时，她的母亲就会变出一锅美味的鱼粥。

 奶奶最懂得

做法

1. 大米洗净，用掌心揉搓米粒，溶解其中的淀粉。
2. 将大米放入压力锅中，加适量水，水的比例刚好没过一只手的深度。
3. 高温煮10分钟。
4. 10分钟后加入生姜、干果皮、盐、白胡椒粉和鸡精。
5. 往锅里加水，直到满为止。搅拌均匀后，调低温度继续煮。
6. 煮粥2小时30分钟。在最后30分钟内不停地搅拌，直到大米软烂状。
7. 去净气鼓鱼的内脏、鳃，洗净备用。
8. 放锅中，大火煮10分钟。
9. 用手轻轻地去掉尖刺。
10. 把鱼肉切成小块，刚好一口的大小。
11. 用蚝油和蒜末调成腌料，给鱼肉调味。
12. 将鱼肉倒入粥中，不断搅拌。
13. 用白胡椒粉、鸡精和盐调味。
14. 浇上香蒜油，出锅，撒上葱花。

　　看着陈奶奶准备鱼粥时，我根本想象不到它的味道。气鼓鱼外形独特，我真没想到它的肉质竟是如此细腻肥嫩，鲜美无比。奶奶告诉我，气鼓鱼深受"水上居民"的喜爱，营养价值高，胶质最为丰富。做出来的粥香糯浓稠，带有明显的南方风味，因为使用了干果皮和生姜。我最喜欢的一招，莫过于最后浇上的香蒜油。

　　我和陈奶奶坐下来，边吃边聊。她告诉我，常食气鼓鱼的眼睛可以提高视力，她从小就这么吃。我可是从来没有吃过鱼眼，但出于对陈奶奶的尊重和支持，我决定尝一尝。我取下鱼眼，一个放在奶奶碗里，一个放在自己的碗里。我鼓了鼓勇气，正准备下咽的时候，陈奶奶将她碗里的鱼眼也放进了我的碗里。她说："吃鱼眼就要吃一对！"我真不知道该怎么应对这个习俗，最后还是硬着头皮吃了下去。但说句实话，鱼眼的味道出奇的好。为了这本书我天天伏案写作，你看，我现在的视力还是那么好，哈哈！

　　气鼓鱼这个食材非常令人着迷，它不是普通烹饪方式所能驾驭的，其鲜美的肉质真是让人称奇！和陈奶奶一起在渔排木屋里学做饭，一边听她讲故事，一边学习烹饪一道独特的食材——真是千载难逢的机会。

气鼓鱼春卷 (8人份)

大米菜谱

材料

气鼓鱼 1条	红葱头 3个	花生米 100克	牛油果 1个
春卷皮 1包	香菜 1捆	黄瓜 1根	米醋 75毫升
香茅 4根	胡萝卜 2根	生菜叶 1捆	白糖 4茶匙
陵水黄灯笼辣椒 5个	青萝卜 1根	芒果 1个	青柠檬 4个
蜂蜜 2茶匙	红辣椒 5个	菠萝 半个	香菜 适量

小插曲

这算是我挑战过的最难的食材了,气鼓鱼实在是太难驾驭!在听了陈奶奶讲述的水上居民的历史后,我萌生了制作这道菜的灵感。于是,我特意去了陵水河对岸的市场,花了几个小时的时间去了解当地的食材。市场上摆满了各式各样的蔬菜水果,五彩缤纷:亮黄色的陵水黄灯笼辣椒,绿油油的青柠檬,饱满多汁的芒果,新鲜的生菜叶,还有种类繁多的新鲜海鲜。我决定做一道越南风味春卷,它既能体现气鼓鱼肉的特质,又能联系到水上居民在东南亚的分支,真是一个完美的结合。

要是在家做这道菜,我可能不会用气鼓鱼。毕竟它的刺非常不容易处理,而且这种鱼在市场上并不多见。因此,你可以自由地尝试其他鱼肉,比如鳕鱼或罗非鱼。无论你选择哪种鱼,在烹饪前一定要腌1小时。如果你用的是整条鱼,那么可以像我在节目中那样,放入油锅中炸熟。如果用的是鱼片,那可以用一个平底锅煎熟。

 奶奶最懂得

做法

1. 将红葱头、陵水黄灯笼辣椒、香茅和蜂蜜混合成糊状,制成腌料。
2. 将鱼放入腌料中腌1小时。
3. 将胡萝卜和青萝卜切细丝。
4. 在碗中,将米醋与2茶匙白糖混合。
5. 将胡萝卜丝、青萝卜丝和香菜放进碗中,与调料拌匀,腌制备用。同样的方法,在另一个碗中,倒入调料,将红辣椒片放进碗中,拌匀后备用。
6. 把芒果切成条,牛油果和菠萝切成小块。
7. 在锅中,干炒花生米5分钟至金黄色,取出备用。
8. 深口锅中倒入油,放入两根香茅,取腌好的气鼓鱼放入油中,炸15分钟至熟。
9. 将鱼取出,一旁静置冷却,直到手可以接受的温度。
10. 用杵臼将花生米压碎。
11. 将鱼切成小块,一口的大小。
12. 准备蘸料。取一把腌辣椒,切碎,放在一个小平底锅里,加入青柠汁、2茶匙糖、1茶匙蜂蜜和3大勺水,大火翻炒,直到出现气泡。
13. 一旦酱汁变稠,关火倒出。用青柠汁或蜂蜜调味。
14. 包春卷。在一个浅碗中倒入凉开水,将两个春卷皮迅速浸入过一下水。
15. 将两个春卷皮重叠在一起。中间放几块鱼肉、腌制好的胡萝卜、青萝卜丝、芒果条、腌辣椒片、牛油果和菠萝块。
16. 将春卷皮的两侧向中间折叠,盖住馅,然后卷成雪茄形。
17. 装盘,撒上香脆的花生米,配上黄瓜片、生菜叶和香菜即可上桌。

　　做这道菜有很多准备工作,最好是先把鱼腌上,再准备其他配料。当然了,我所用的馅只是一个大概的指导方向,你可以搭配任何自己喜欢的蔬菜,根据口味改变春卷的配料。自己做蘸酱意味着你可以控制辣椒的用量,准备好所有的配料后,就可以开始做春卷啦。做多少都可以,多叫几个人来帮忙也无妨,就像新年包饺子一样。这是一道适合聚会的美食,可以招待一班水上居民剧团的演唱家,也可以用来招待亲朋好友。

整个剧集中遇到的最大难题

这一集最大的挑战,或许也是整个剧集中遇到的最大难题——一半都要说广东话!陈奶奶不会说普通话,我只能用有限的广东话与她交流。拍摄之前,我们摄制组讨论过这个方案的可行性。但是我愿意接受这个任务,给陈奶奶一个平台讲述属于她的故事。这对我来说真是一个不小的挑战,通过有限的词汇量与陈奶奶建立一个和谐融洽的关系。但是,我喜欢这样的挑战。我承认我的粤语不是很好,但我还是喜欢说粤语的,而且我的听力还算不错。幸运的是,剧组导演杰克能讲流利的广东话,在拍摄过程中帮了大忙。我听不懂的时候,杰克就帮我翻译。也许,更重要的一点是陈奶奶比较健谈,性格友好又开朗。我听不懂的时候,她会慢慢再重复一遍,直到我弄明白为止。

我和陈奶奶都努力去适应对方,经过这一集的拍摄,我们建立起了深厚的友谊,成了要好的朋友。作为一名主持人,这段经历也告诉我:拍摄过程中,只要用一个正确的态度,我与任何人都能和谐相处。不久的将来,我会有更多在异国他乡拍摄的机会,我相信这次海南的经历也给我上了宝贵的一课。我将永远铭记于心。

生怕鱼在半路上不幸牺牲

　　能找到一条气鼓鱼就不简单,更何况要找两条了。我和丽媛在渔港里挨家挨户地寻找,终于找到两个有气鼓鱼的地方。可惜,第一家的气鼓鱼还不如我的手掌大,根本不够做一碗气鼓鱼粥。第二家的父亲对我说,这条气鼓鱼是他孩子最喜欢的宠物,所以这一条也被放弃了。最后,我们联系了一家当地的餐馆,他们说有办法弄到几条气鼓鱼。我们给餐馆提供了想要的分量,敲定第二天一早在码头见面。

　　言出必行,第二天他们果然带来两条气鼓鱼,装在一个红色水桶里。我俩拎着水桶,先坐汽车,后乘小船,一路上战战兢兢的,生怕鱼在半路不幸牺牲。终于,我们回到了陈奶奶儿子的餐馆。你能想象么?一大早,我坐在车上,双腿中间夹着一个水桶,里面盛着两条历尽千辛万苦才找到的气鼓鱼,但这样奇特的经历对于一个拍摄外景的主持人来说,也算是屡见不鲜了。

海南　陵水 新村渔港

MRS. LI

黎奶奶

黎吉銮 68 岁

———

性格：热情，慈祥，严谨，为人正直。
拿手菜：椰子鸡

— 经历 —

　　黎奶奶住在岛上一个偏僻而安静的地方，她的房子就在海边。在这里，她与丈夫共育有四个子女。现在与小儿子一家同住，9岁的孙女乖巧大方，3岁的孙子活泼可爱。

　　奶奶的老家在同属于陵水黎族自治县的英州镇，她是六口之家中的小女儿。当年，父母种地劳作很努力，家里经济条件好，能让奶奶在那个穷苦年代幸运地一直读到高中毕业。如今，儿女双全的奶奶亲自教导孙子孙女读书，庭院里养着肥美的土鸡，屋后种着芒果树和椰子树，守着一方天地，平静地看岁月流淌。

或许，幸运之神会再次眷顾我们

　　黎奶奶作为这部剧集的最后一位奶奶，实在是太合适不过了。历经数周的调研，我们一直没找到合适的人选，整个剧组陷入了绝望。我们到达海南后，听人说住在旁边村落的一位奶奶也许能帮上忙。她离我们住的地方大约有半个小时的路程，二话不说，我们就决定登门拜访这位黎奶奶。去之前，除了住址，我们对她一无所知。在路上，我就在心里想，这部剧集之前一位没提前见面的奶奶就是云南丽江的李奶奶，她后来成为一个非常出色的角色。或许，幸运之神会再次眷顾我们。结果，我们的运气还真是不错。一到黎奶奶家，我们就知道她就是那个最佳人选。

　　黎奶奶说话的时候气宇轩昂，很有激情。只要奶奶一开口，大家都不由自主地专心听起来。她说话的声音更是令人印象深刻，站在岛的另一端都能听得见！跟奶奶交流的时候，我都会适应性的将耳朵往后挪一点。这跟四川的阿冲奶奶有些像，她说话的语气给人一种肃然起敬的感觉。她性格活泼，笑声很爽朗，咬字清晰。我连着讲了好几天磕磕绊绊的粤语，终于可以换回普通话了，真是如释重负。这让我与黎奶奶的交流更加顺畅，主持起来更轻松自如。

　　黎奶奶能讲一口流利的普通话，可以连贯自然地表达自己的思想。当聊起她上学那会儿时，黎奶奶兴奋地站起来，回屋里去拿什么东西。她递给我一张照片，是去年高中同学聚会时拍摄的，言语中流露出一份自豪之情。如今，她和四个老同学仍然保持着联系，她们都住得不远。每年，几个同学都组织出去旅游，去看看那些一直向往的地方，比如三亚和海口。平常不忙的时候，她们经常聚餐打牌，一起回忆过去的时光。

　　高中毕业后，黎奶奶回到村里，当了一名小学教师。在学校，她结识了一位一心想考大学的男同事。但是，黎奶奶发现校长对待教师有不公平的现象，她一气之下辞了职。在学校任职的三年中，黎奶奶一直努力工作，每个月就挣8元钱。她节衣缩食，好不容易攒了80元。在走之前，黎奶奶竟然决定将辛苦攒的积蓄送给那位男同事，支持他读大学。三年的积蓄就这么交给了一个同事，我真被奶奶的善良仁慈感动，更无法想象她的同事当时会是怎样的感受。

海南　陵水 新村渔港

平静的生活中处处是喜乐

离职后,经父母介绍奶奶认识了南湾村的爷爷。奶奶嫁过来后一直住在这里,平常就在附近的果园里劳作。虽然村落偏远甚少人知,但是奶奶一家的生活自给自足。在这里,老两口共同养育了四个子女,平静的生活中处处是喜乐。可惜,爷爷在2003年不幸去世,奶奶在2009年从果园退休,现在和小儿子一家一起住在老屋里。现在,黎奶奶每天的任务就是带孙子孙女,给孩子们做饭,送孙女去上下学。

说到怎么跟孩子沟通,黎奶奶有自己的办法。她既严厉又让孩子不缺关爱,教育的尺度把控得很到位。平常,她允许孩子们出去玩,但不准长时间看电视。我在黎奶奶家的时候,孩子们一直在认真地做作业,偶尔吃点西瓜当零食。黎奶奶的目光一刻不离两个孩子,教育孩子如何待人接物,规范他们的言谈举止。作为一名教师和四个孩子的母亲,她完全能胜任奶奶这个角色。当她说话时,两个孩子都乖乖地听着。看得出来,孩子们也很敬畏黎奶奶,他们在黎奶奶潜移默化地影响下茁壮成长,我想这是黎奶奶最宝贵的财富。毫无疑问,长大后,他们也会成为像黎奶奶一样善良、有爱心的优秀青年。

这才是生活的智慧

  最有趣的话题莫过于奶奶对食物的看法。用黎奶奶的话说，要想一家人强壮健康，最重要的就是吃。给孩子做饭要注意营养均衡，荤素搭配，尽可能少吃糖。这也是黎奶奶烹饪的原则，她很少用到调味品或添加剂。在她看来，健康的饮食就要用最新鲜的食材。黎奶奶能清晰地表达自己对美食和烹饪的理念。这才是生活的智慧，黎奶奶以身作则，让孙子孙女从小就能理解这样的真谛，真是太好了。每每提到两个孩子，黎奶奶都会流露出一种自豪感，她相信只要孩子们吃得健康，就一定茁壮成长。这一点，我不得不竖大拇指赞同。现在，我已经迫不及待地想看看黎奶奶——这样一位充满生活智慧的老人会教我做一道什么菜。

| 奶奶菜谱 | 椰子鸡 (4人份) |

材料
鸡 1只
中号椰子 4颗

 小插曲

  椰子鸡算得上这部剧集中最引人入胜的一道菜了。俗话说得好：好饭不怕晚。第18道菜，也是我要学的最后一道菜，热腾腾地出锅咯！椰子鸡将纯朴的农村烹饪发挥到了极致。为什么这么说呢？准备录制的时候，我就在纳闷：黎奶奶是不是忘记准备调料了？其实不然，椰子鸡就是这么简单：家养土鸡配树上刚摘的几个椰子，仅此而已！

  这个食谱如此简单，随时可以在家烹饪。但是最好能找到当地最新鲜的食材。当食谱中只有两种食材时，没有什么能掩盖食材的新鲜度了。如果换成一只干瘪老鸡，我敢肯定味道不会那么好。黎奶奶挑的这只土鸡长得又壮又肥，无疑提升了菜肴的口味。这些都是黎奶奶自养的鸡，平常只吃玉米和椰肉。而这玉米和椰子也是奶奶自己种的。食材真是太安全了。

做法

1 把鸡肉切成小块，一口的大小。
2 椰子顶部锯下一个圆盖，保留备用。
3 倒出一半椰汁。
4 将鸡块放入椰子内。
5 将圆盖子盖回，放入盘子里。
6 放入锅中，蒸2小时即可。

  让我印象深刻的是用椰子作烹饪容器。厚厚的椰壳能防止内里过度加热，让鸡肉在适宜的温度下溶解脂肪，与椰汁混合。真是肉香味美，椰味芬芳啊！而且不用洗盘子了！这一招真是聪明，又是一个实例验证农村烹饪的特色。

  做这道菜要有耐心。要让鸡肉和椰汁得到充分融合，时间才是关键。终于到了品尝的环节，我喝了一口鸡汤，椰汁的浓香与鸡肉的鲜醇完美地结合在一起，让人欲罢不能！椰子鸡是一道原汁原味的海南特色菜，可老实说，原汁原味这个形容词经常被过度使用，已经被滥化了，有时吃起来变成了没滋没味。但这一次可是真真正正来自大自然的味道，绝无仅有。

  想想黎奶奶教给我的简单烹饪方法，再看看我自己的做饭方式，有时确实过于复杂化了。我做饭的时候喜欢加各种各样的调味料，尤其是盐，这已经快成了我的常态。盐可是一种能让人上瘾的调料。然而，这道椰子鸡告诉我，盐不是万能的，有时候更不是必要的。

大米菜谱 # 意式蟹肉饺子 (6人份)

材料

和乐蟹 10只	面粉 1千克	蛋黄 2个	甜辣椒 2个
柠檬 2个	鸡蛋 5个	番茄 3个	

小插曲

很显然,这道菜的灵感来自黎奶奶的椰子鸡。经过一下午的学习,好像再用鸡肉或椰子都难以超越椰子鸡的创意。因此,我决定去问问黎奶奶想吃什么。她说想吃海鲜了,尤其是当地的和乐蟹。于是,我特意去了邻近的万宁县,到那里的和乐镇去寻找这里有名的和乐蟹。在那里,我遇见了一对可爱的夫妇,他们带着我出海捞螃蟹,给我普及了和乐蟹的知识。带着满满的收获,我回到海边,开始做我的创意料理。

我选择了意式蟹肉饺子搭配烟熏番茄酱。在西式烹饪中,像这样的菜通常会

 奶奶最懂得

做法

1. 将螃蟹迅速放入沸水锅中,蒸5分钟煮熟。
2. 同时,将辣椒和番茄放在火边,烤到发黑。冷却备用。
3. 螃蟹煮熟后,从锅中取出,冷却备用。
4. 在碗中混合鸡蛋、蛋黄、面粉和1汤匙水,揉成面团。
5. 将面团放入冰箱内静置30分钟。
6. 取出蟹肉,挑出蟹肉和蟹黄,蟹壳留出备用。
7. 将蟹壳放在一个大锅里,倒入水没过蟹壳,煮45分钟做成螃蟹汤。
8. 将所有的蟹肉和蟹黄剁成肉馅。
9. 挤点柠檬汁,加入柠檬皮提味。
10. 将锅中的蟹壳过滤出来。
11. 将烤过的番茄和辣椒去皮,放入蟹肉汤里煮10分钟,把番茄捣碎做酱。
12. 从冰箱中取出面团,擀成两张非常薄的面片,多撒些面粉,别粘在面板上。将两张面皮切成相同的大小。
13. 在一张大面皮上,舀一大勺蟹肉馅,四周留出一个手指的宽度;将整张面皮摆满一行行肉馅。
14. 将另一张面皮放在上面,用手指捏严四边,做成意式饺子的形状。
15. 切成一个个小饺子。
16. 用切割器在饺子周围做出波浪图案。
17. 将番茄蟹黄酱搅拌均匀,过筛备用。
18. 将意式饺子放入沸水中煮2分钟或直到饺子浮到表面。
19. 把饺子倒入酱汁中,撒上少许柠檬皮,即可上菜。

用到一系列调味品,还有浓郁的意大利奶酪,叫做Ricotta。不过,我决定舍弃意大利奶酪和调味品,只用蟹肉和柠檬来烹饪。如何通过烹饪技术来提高口感,就成了最大的挑战。就像黎奶奶那样,她使用椰壳来增加鸡汤的味道,而我也要想出自己的方法。第一个技巧是用蟹壳煮汤,大大提升了海鲜风味。第二个技巧,我使用了所有的蟹肉,包括蟹黄。调味时,我不仅用了柠檬汁,还直接放进去柠檬皮,这无疑就增加了肉馅的鲜度。第三,我还把甜辣椒和番茄放在火边烤,增加其烟熏味。在家烹饪这道菜,你可以使用面片或压面机,这样做出来的饺子,质地更均匀,口感更丝滑。

要是正当吃螃蟹的季节,那可一定要尝尝这道菜。希望大家能学习黎奶奶的减法精神,减少调味料的使用。我很享受这次挑战。因为,它让我的注意力集中在烹饪的过程中,努力做一道更健康、更美味的佳肴。

终于,我在海边找到了梦寐以求的烹饪场景!这可是剧集中要录制的最后一道菜了。这个拍摄场景离旅馆步行只要五分钟,却有着如此静谧而祥和的感觉。我身后的这艘假船也是给拍结婚照的情侣特意建造的。有时,我们不得不停下拍摄,因为一对对幸福的新人要在船上拍照!如果将他们的婚纱照片放大,你很可能会看到一盘螃蟹或是一锅煮沸的意大利面。

为这部剧集画上了完美的句号

我把做好的饺子装进车里,出发前往黎奶奶家。一路上我的心情别提有多兴奋了。经过几天的拍摄,黎奶奶看上去有些疲惫。但当我说带了好吃的,她立刻就精神起来。我在奶奶的厨房里加热饺子,孙子、孙女负责准备碗筷。一上桌,大家就埋头吃起来。看着他们吃得津津有味的样子,我的内心感到十分满足。最后这道菜的创意是一道简单的食谱,用朴实的食材营造丰盈的口感,还有黎奶奶最爱的和乐蟹。孩子们一直给奶奶夹菜,小孙女帮忙喂弟弟吃饭。看着两个孩子如此懂事,他们长大后一定会像黎奶奶一样,有一颗乐于助人的心,成为勤劳善良的人。

我真不敢相信,幸运之神竟是如此地眷顾我们,帮我们在最后关头找到了完美的奶奶和她完美的家庭,为这部剧集画上完美的句号。

共同致敬一路上遇到的奶奶们

尽管陈奶奶和黎奶奶在邻乡长大,但她们的经历却大相径庭。在跟家人搬到陆地之前,陈奶奶一直生活在海上,一辈子都在辛勤劳作。她很乐意与我分享水上居民的故事。我也很感谢陈奶奶,是她让我了解到水上居民的历史。她无畏风雨,与命运抗争的精神值得人尊敬。在陆地上,黎奶奶同样过着艰难的生活。每天,她都要非常努力地工作。唯一不同的是,黎奶奶一直读完了高中,18岁才毕业。

我特别高兴能在熙熙攘攘的渔排中,遇到活泼开朗的陈奶奶;也特别感恩在这静谧宜人的南湾村里,遇到善解人意的黎奶奶。尽管两位奶奶现在的生活环境要比童年时好得多,但她俩都没有忘记自己的根。她们要将一辈子艰辛和抗争换来的人生智慧传承下去。我从陈奶奶和黎奶奶身上学到了太多太多,不仅仅是两道海南特色美食。

在和黎奶奶一家道别后,我们回到酒店收拾行李。8集连续剧,16位奶奶,34道美食,终于大功告成了。那天晚上,我们开着车,沿着海边欣赏美丽的风景,还换了一家豪华酒店。辛苦了这么长时间,也算是犒劳一下自己。大家一起举杯,共同致敬一路上遇到的奶奶们,有了她们才有了这部精彩的杰作。

这部剧集的拍摄终于告一段落,是时候坐下来回忆我所学到的一切了!

海南 陵水 新村渔港

后 记

紧锣密鼓的拍摄终于结束了,我的心情是既激动又兴奋!回想起这几个月发生的一切,一种成就感油然而生。刚到家那会儿,我狠狠地补了一大觉,身体才从疲惫的旅途中恢复过来,拍摄时那股兴奋劲儿也渐渐地消退。

在两个月的拍摄中,我积攒了太多的回忆。我时不时地会想起遇见过的每一位老奶奶,她们的故事是如此触动心弦。从贵州的蒙奶奶和她的老屋到福建的吴奶奶和那静谧的海滨小镇,还有制作豆腐皮到凌晨的手艺人张奶奶,居住在山间用传统火炕烹饪的格玛初奶奶,奶奶们的笑脸在我的脑海里飞闪而过。所有的奶奶都出生在那个最困难的年代,彼此之间也有许多相似之处。奶奶们的言行举止、性格心态都是时代的产物。这其中令我最敬佩的当属奶奶们的奉献精神。她们从小多在艰难的环境下成长,她们坚持与命运抗争,不断地奋斗,为的就是让子孙后代过上好日子。奶奶们是平凡的,却又是伟大的。她们辛勤的双手,历尽岁月的沧桑。

奶奶们是如此慈祥和善良,她们并没有因为命运多舛而抱怨生活。你能深切地感受到在奶奶们身上充满了爱。在经历过如此多变故之后,她们仍然能坦然地面对生活,在镜头前分享自己的故事,这真是令人感动。她们都是伟大的母亲,在最困难的时期将几个孩子抚养成人。不仅如此,有的奶奶还在抚养着第三代甚至第四代的孩子。

另一个共同点,奶奶们是生活的智者。她们都很愿意与我分享属于自己的智慧。这些智慧是生活的提炼,是岁月的升华。奶奶们经历过世人无法想象的磨难,所以当她们诉说着自己的经历时,我想更多地作为一个聆听者,给予她们空间。不论是亲情、品德还是烹饪方面,奶奶们都充满了无比的人生智慧。她们不仅聪明,还都非常谦虚。16位奶奶的话语中总是充满了自嘲般的谦逊;她们总说自己是农民,没什么学问,或者说自己年纪大了,已经不会做饭了。我发现这是奶奶们最可爱的品质之一。原本,我以为奶奶们会是性格内向的、固执的、傲慢的,就像一些西方的老年人一样。但是在中国拍纪录片,你会发现这里的老年人都非常低调和谦逊,甚至连一点恭维的话都不愿意接受。正因为这样,我们更应该学习奶奶们坚韧不拔的品质;她们不求赞赏,也不求回报,从来不沉缅自己当年的磨难,只是关注着现在的生活。每一位奶奶都选择微笑着面对生活,她们没有迷失在过去的悲痛中,而是珍惜当下,享受一家人的幸福时光。现在,多数奶奶都在家人的陪伴下过着舒适的生活,孩子们都很孝顺,看着很是欣慰。

在中国,社会对待老年人的方式真是令人印象深刻。当然也有极个别的负面现象,但从我个人的经历来看,中国农村的老年人都得到了很好的尊重和照顾。我喜欢中国人很强的家庭观念。在城镇和乡村里,街巷都设有户外锻炼设施,公园里安置休憩长椅供老年人使用。很多奶奶喜欢聚在一起打扑克,很少一个人独自在家。更有一些奶奶,不论年纪多大,仍然坚持在工作一线,就像浙江的张奶奶和陈奶奶、广西的郭奶奶,还有许多奶奶在家帮助打理民宿旅馆。

我最喜欢乡村探险的原因是它随时会带来的人生感悟。在这段旅途中,我经常会思考自己生活中习以为然的优越感。第一,通过与奶奶的交流,我发现原来自己是如此的幸运,能接受学校的正规教育,从小能在一个大家庭里长大,有爱我的父母和兄弟姊妹的陪伴,算得上衣食无忧。突然,我意识到我把这些幸福当成了理所当然,真是不应该啊!当一切顺风顺水的时候,快乐是很容易的;但在经历逆境的时候,保持快乐的力量是我从奶奶身上学到的。生活是不公平的。有的时候,事情不会按你想要或期望的方式发展。在乡村度过的日子时刻在提醒着我,人要谦虚;不如意的事随时可能发生,所以要保持一颗感恩的心,为人谦逊,坚持不懈地努力并且对生活充满好奇心。这一点非常重要。虽然我是在城市长大的,但我发自内心的相信,农村是能改变人的地方,一个让人变得更好的地方。

当然了,通过拍摄《奶奶最懂得》,我学到了许多新的中式烹饪知识。在这里,我体验到了一些这辈子都没想过的食材。从阿冲奶奶的Yawo到陈奶奶的气鼓鱼粥,更不用说陆奶奶的牛瘪汤了!我有机会见证了张奶奶的豆腐泡和陈奶奶的长寿面,她们精湛的技艺真是令人折服。格玛初奶奶的馍馍和李奶奶的椰子鸡,利用简单的食材创作出了不简单的美味。我跟洪奶奶和蒙奶奶学习了新的烹饪鱼的做法。福建改变了我对海鲜的看法,而贵州又让我迷上了五花肉和芋头的搭配。我跟亲爱的赵奶奶和李奶奶学习了经典纳西风味。我又爱上了竹笋,林奶奶的咸䖢和郭奶奶的豆腐酿,简直是人间美味。

在这段旅程中,我体验了全新的民俗文化,这是来中国之前闻所未闻的。而现在,我特别喜欢跟大家介绍这些风俗:侗族、水族、藏族和纳西族,还有福建和四川的风俗文化,以及海南当地的"水上居民"。每个人都是独一无二的,她们的身上有着高尚的品德和丰富的生活经历。这段旅程提醒了我:每一个人的背后都隐藏着自己的故事。只有花时间去了解,你才能体会到她的经历、她背后的艰辛和所信仰的文化。

这一切的经历都说明,老年人是社会的重要组成部分。他们支撑着整个家庭,是一家人的主心骨。他们身上有着最古老的传统观念和道德品质,这些无价之宝是值得我们每个人学习的。我很高兴地发现美食在这其中也发挥了很大的作用,凝聚着一家人的心。在这个变幻莫测的世界里,对家庭的向往和对美食的热爱将是拯救人类的最后一粒解药。

每一次远行,我们的生命都会发生改变,同时也会改变我们遇到的人。希望大家都能经常出去走走,带着一份正能量去改变这个世界。

这16位奶奶改变了我对生活的想法,我也希望大家也能感受到这股强大的力量。希望通过这本书和这部纪录片,你能和我一样,感受到生命的交流。

图书在版编目（CIP）数据

奶奶最懂得/（英）大米，腾讯视频著. — 北京：中国轻工业出版社，2019.10

ISBN 978-7-5184-2656-0

Ⅰ.①奶… Ⅱ.①大… ②腾… Ⅲ.①饮食-文化-中国 Ⅳ.① TS971.2

中国版本图书馆 CIP 数据核字（2019）第 194142 号

责任编辑：高惠京　　责任终审：劳国强　　整体设计：锋尚设计
责任校对：李　靖　　责任监印：张京华

出版发行：中国轻工业出版社（北京东长安街6号，邮编：100740）
印　　刷：北京博海升彩色印刷有限公司
经　　销：各地新华书店
版　　次：2019年10月第1版第1次印刷
开　　本：170×240　1/16　印张：13
字　　数：350千字
书　　号：ISBN 978-7-5184-2656-0　定价：68.00元
邮购电话：010-65241695
发行电话：010-85119835　传真：85113293
网　　址：http://www.chlip.com.cn
Email：club@chlip.com.cn

如发现图书残缺请与我社邮购联系调换

190345S1X101ZBW